SOCIÉTÉ CENTRALE D'AGRICULTURE
DE LA SEINE-INFÉRIEURE

LES

CHAMPS D'EXPÉRIENCES

DE LA

SOCIÉTÉ CENTRALE D'AGRICULTURE

RÉSULTATS OBTENUS EN 1880

RAPPORT

PRÉSENTÉ

Par M. Eugène MARCHAND

Organisateur et inspecteur départemental de ces Champs, Officier d'Académie, Lauréat de l'Institut, Grand Lauréat de la Société nationale d'Agriculture de France, et de la Société centrale d'Agriculture de la Seine-Inférieure, Membre correspondant de ces deux Sociétés, et de la Société centrale d'Agriculture de Belgique, etc., etc.

ROUEN
IMPRIMERIE DE HENRY BOISSEL
Rue de Lemery, 1.
1881

SOCIÉTÉ CENTRALE D'AGRICULTURE
DE LA SEINE-INFÉRIEURE

LES CHAMPS D'EXPÉRIENCES
DE LA
SOCIÉTÉ CENTRALE D'AGRICULTURE

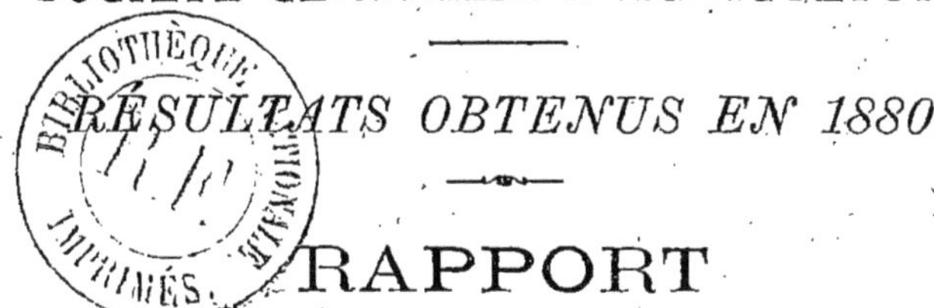

RÉSULTATS OBTENUS EN 1880.

RAPPORT

PRÉSENTÉ

Par M. Eugène MARCHAND

Organisateur et inspecteur départemental de ces Champs; Officier d'Académie, Lauréat de l'Institut, Grand Lauréat de la Société nationale d'Agriculture de France, et de la Société centrale d'Agriculture de la Seine-Inférieure; Membre correspondant de ces deux Sociétés, et de la Société centrale d'Agriculture de Belgique, etc., etc.

ROUEN,
IMPRIMERIE DE HENRY BOISSEL,
Rue de Lémery, 14.
1881

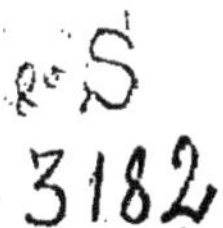

RAPPORT

SUR LES RÉSULTATS OBTENUS EN 1880

DANS

LES CHAMPS D'EXPÉRIENCES

De la Société centrale d'Agriculture de la Seine-Inférieure.

Les directeurs des champs d'expériences créés depuis un an dans soixante-neuf localités de la Seine-Inférieure, par les soins de la Société centrale, ont achevé leurs travaux et opéré les récoltes de cette première année d'études. Les résultats obtenus par chacun d'eux nous sont, à très peu près, tous connus maintenant. Ils vont être exposés dans les pages suivantes, avec tous les documents qui permettront à ceux qui voudront les étudier, de déterminer la nature des phénomènes qui se sont accomplis sur chaque parcelle, ou celle des accidents qui sont intervenus pour occasionner des anomalies dont les causes ont besoin d'être connues et précisées.

Nous indiquerons aussi, autant que nous le pourrons, les conséquences de tous les résultats obtenus dans chaque champ, et d'une façon plus générale, celles qui se déduisent des chiffres moyens de la production, dans chaque série de cultures appliquées à la même plante.

Mais auparavant, nous devons faire un rapide historique de la question, et poser les renseignements généraux qui permettront à tous ceux qui voudront le faire, d'élucider, chacun à sa manière, les questions que cette belle et grande série d'expériences donne la possibilité de résoudre. A l'aide, enfin, de tous les documents que nous allons réunir, chacun aussi pourra constater l'exactitude des déductions que nous exposerons dans le cours de ce travail, ou en l'achevant.

La création des champs d'expériences est, en quelque sorte, le résultat de cette maxime scientifique que la vérité ne se découvre qu'à l'aide de l'expérience, et qu'il n'y a de vrai que ce que celle-ci confirme.

Cette création est donc d'origine récente, et elle s'impose aux hommes qui s'adonnent aux travaux de l'agriculture, comme le moyen assuré de favoriser ses progrès.

Ceux-ci sont devenus particulièrement nécessaires aujourd'hui, par suite de circonstances multiples que tout le monde connaît, et dont il est à peine nécessaire d'exposer la nature : la marche en avant de l'esprit humain, qui, aidé par la science, va toujours et sans s'arrêter, de découvertes en découvertes, d'inventions en inventions, donne l'essor aux merveilleux développements de l'industrie, qui appelle sans cesse à elle, loin des champs, les bras des travailleurs, et crée ainsi aux cultivateurs des difficultés que la Mécanique, heureusement, sait leur donner les moyens de surmonter. En outre, la facilité des échanges, qui, pour le bonheur de tous, s'opèrent aujourd'hui avec tant de facilité, de peuple à peuple, grâces à l'extension des voies ferrées et à la puissante activité imprimée par la vapeur à la navigation, détermine, sinon un bouleversement, au moins un grand trouble dans la situation des hommes qui se livrent à la culture des terres.

Les productions naturelles de certains pays lointains, en faisant irruption sur les marchés de l'Europe, — les découvertes de la chimie, elle-même, malgré les services qu'elle prodigue à l'agriculture, rendent inutiles ou déterminent l'abaissement de la valeur de certaines productions (1) qui étaient pour elle, il n'y a que quelques jours encore, la source de sérieux profits. L'introduction dans nos minoteries des blés étrangers (c'est-à-dire du grain nourricier que trop souvent, hélas ! nos terres ne produisent pas en quantités suffisantes pour subvenir aux besoins de la population de la France), contribue plus encore peut-être au développement de ces crises dont le monde agricole souffre de temps en temps, et auxquelles il est utile de mettre un terme !

Pour remédier à ces maux, il faut de toute nécessité, assurer le perfectionnement de nos procédés de culture, et favoriser le développement plus abondant des plantes dont les produits sont ou peuvent devenir les plus rémunérateurs. Il faut aussi, de toute nécessité encore, que la production agricole devienne intensive au plus haut degré, car, — tout le monde le sait, — c'est en surélevant l'abondance des récoltes que l'on affaiblit leur prix de revient, et que l'on se met en état de lutter contre l'envahissement des denrées similaires de celles que nous pouvons produire, et que l'étranger, sans cesse aux aguets, cherche continuellement à envoyer sur tous les marchés où il peut trouver quelque avantage à se créer des débouchés.

C'est donc un fait bien établi, pour résister à cet envahissement et porter

(1) Le colza, la garance, etc.

même notre concurrence au dehors, en adoptant les agissements de nos rivaux, il faut tout d'abord que notre Agriculture trouve le moyen d'exalter la fécondité des terres sur lesquelles elle exécute ses travaux et réalise ses opérations. Mais cette fécondité, à quoi est-elle due ?

Cette question paraît superflue, et pourtant il est nécessaire de la poser ici et de l'y résoudre encore une fois, après tant d'autres où elle l'a été déjà.

Lorsque l'on essaie de cultiver un sol vierge, — un sol qui n'a pas encore subi l'action de la main de l'homme, on le trouve presque toujours en état de donner plusieurs récoltes successives plus ou moins lucratives, mais dont l'abondance s'affaiblit de plus en plus jusqu'à amener la stérilité, si l'on ne fait pas à ce sol certaines restitutions destinées à combler les pertes qu'il subit lorsqu'on le dépouille des moissons qu'il fournit. Or, tout le monde le sait, et c'est une vérité trop banale que de le dire ici, ces restitutions se font, depuis un temps immémorial, par l'apport du fumier.

Mais l'emploi de cet agent de fertilité est toujours limité par les chiffres de sa production, et comme, en définitive, il n'entre dans sa constitution qu'une partie des éléments récoltés dans la ferme où il est produit, tandis que le surplus de ces éléments est exporté au dehors, il est évident que celui qui est fabriqué avec les seules ressources disponibles de l'exploitation, est toujours insuffisant pour maintenir à un niveau constant la fertilité des terres appartenant à celle-ci. Il devient donc nécessaire de combler cette insuffisance, en adjoignant à la matière dont on dispose des quantités plus ou moins considérables des agents les plus capables d'exalter sa valeur, ou pour mieux dire, capables d'exalter sa puissance fertilisatrice.

Mais quels sont ces agents ? Que doivent-ils être ? Quelles sont les qualités qu'ils doivent posséder ? Dans quelles conditions, et en quelles proportions, enfin, doit-on les employer, pour qu'ils permettent d'obtenir des récoltes abondantes et rémunératrices ?

Pour résoudre ces questions, il est nécessaire avant tout de connaître la composition du fumier et de savoir distinguer les éléments auxquels il doit les qualités qui le caractérisent. C'est ici qu'apparaît l'utilité des champs d'expériences.

L'analyse chimique a fait voir que le fumier de qualité moyenne possède par kilogramme la composition suivante :

Matières organiques	137 grammes.
— minérales	63 —
Eau	800 —
	1000 grammes.

Les matières organiques contiennent 56 grammes 7 d'oxygène, — 8 gr. 2 d'hydrogène, — 68 gr. 0 de carbone, avec 4 gr. 1 d'Azote.

Les matières minérales sont au nombre de dix, dont voici les noms et les quantités :

Potasse	3 gr.	75
Soude	1	15
Chaux	5	60
Magnésie	2	40
Oxydes de fer et de manganèse	3	40
Chlore	0	40
Acide sulfurique	1	30
Acide *phosphorique*	1	80
Silice	43	10
	63 gr.	00

Ainsi, en dehors de l'eau, le fumier ne contient que quatorze sortes de principes qui, nous devons le constater, se retrouvent et existent tous aussi, mais en proportions différentes, dans la composition de tous les végétaux, cultivés ou non.

Cette analogie de constitution du fumier et des plantes qui se développent sous son influence est d'ordre normal. Par conséquent, elle doit porter à croire que la présence dans le sol des quatorze éléments dont nous venons de citer les noms, est absolument indispensable pour assurer d'abondantes moissons. On sait que cela n'est pas rigoureusement vrai, car l'un de ces principes, le carbone, est fourni aux plantes uniquement par l'air qui les baigne, et qui le contient uni avec l'oxygène à l'état d'acide carbonique. L'oxygène et l'hydrogène sont les éléments constitutifs de l'eau, et c'est ce liquide qui les met a la disposition du règne végétal. Il reste donc onze substances dont le rôle et la nécessité ont besoin d'être définis, ou plutôt d'être démontrés.

Eh bien ! après des expériences mémorables exécutées par M. Georges Ville, et confirmées depuis dans tous leurs résultats par de nombreux expérimentateurs, l'on sait maintenant, avec certitude, que le sable calciné devient fertile lorsqu'on lui associe des doses convenablement appropriées de chacune des dix substances minérales dont la présence est constante dans le fumier, si l'on prend le soin de les unir entre elles sous des formes qui assurent leur neutralité ainsi que leur solubilité dans l'eau, et si l'on complète leur présence en leur adjoignant des sels ammoniacaux ou nitrés, c'est-à-dire des sels contenant de l'azote à l'état assimilable par l'organisme végétal.

Mais on sait que le sol contient presque partout, l'on peut même dire partout, en quantités suffisantes pour subvenir aux besoins de la production agricole la plus exigeante et la plus intensive, pendant de longues années, des siècles même, sept des éléments minéraux déjà cités, tandis qu'il en est trois dont il est, en général peu pourvu, et dont il s'appauvrit sans cesse lorsqu'on le dépouille des récoltes qu'il produit.

Ces éléments sont la *potasse*, la *chaux* et l'*acide phosphorique*, auxquels vient s'ajouter l'*azote* qui doit toujours les accompagner à l'état d'ammoniaque ou d'acide nitrique, car l'on sait par expérience que l'azote du fumier n'intervient jamais directement dans la vie des plantes, dont il n'influence le développement qu'autant qu'il a contracté par la fermentation (ou pendant l'accomplissement de ses phénomènes consécutifs) en s'unissant à l'hydrogène, ou à l'oxygène, l'une des formes chimiques dont il vient d'être question, et qui sont faciles à caractériser.

Il résulte donc de ceci que si nous considérons le fumier dans ses rapports avec la constitution du sol qu'il fertilise, nous sommes obligés de reconnaître qu'il ne doit sa puissante et efficace action qu'à l'azote, à l'acide phosphorique, à la potasse et à la chaux qu'il contient.

Ce sont donc ces quatre substances qu'il faut employer pour compléter son insuffisance lorsque l'on veut faire de la culture intensive, — et qu'il faut employer encore dans les circonstances où il fait défaut.

Ceci étant bien établi, il nous reste à rechercher et à définir les formes, les états que ces quatre substances doivent affecter pour donner lieu aux résultats les plus avantageux.

Il y a un demi-siècle, la réponse à cette question n'aurait pas été facile. Aujourd'hui on peut la résoudre avec une grande précision, grâces aux travaux persévérants d'un grand nombre de savants qui font autorité et parmi lesquels les noms des Liebig, des Boussingault, des Georges Ville, des Payen, des Lawes et Gilbert, etc., doivent être cités au premier rang. M. Ville en particulier, par ses beaux et persévérants travaux accomplis dans le champ d'expériences de Vincennes, qui devrait être chaque année un lieu de pèlerinage pour tous les cultivateurs avides de progrès, — M. Ville, disons nous, a su résoudre avec la plus complète évidence le problème posé.

A partir de 1841 ou 1842, une révolution importante s'est accomplie dans la marche générale de l'agriculture de l'Europe, par suite de l'introduction sur nos marchés d'un produit résultant de l'accumulation et de la transformation des excréments d'oiseaux, déposés depuis les temps géologiques dans des îles appartenant au Chili et au Pérou, et disséminées dans le grand Océan, non loin des côtes de ces deux pays.

Le guano, cela est hors de doute, doit ses précieuses qualités à la petite quantité de potasse, aux phosphates et aux matières azotées qu'il contient, et c'est surtout grâce à sa richesse concentrée en azote que cette matière a pu acquérir si rapidement la haute et bien méritée réputation dont elle jouit auprès des cultivateurs qui, à l'envi, se sont empressés de l'adopter pour combler l'insuffisance des fumiers dont ils disposent. Au moment de son introduction en Europe, il contenait de 12 à 16 parties d'azote pour 100 de son poids. Alors il était vendu à un prix qui était assez bien en rapport avec les services qu'il pouvait rendre, mais depuis 1865 ou 1866, les bons bancs sont épuisés, et aujourd'hui l'on n'exploite plus que ceux qui avaient été délaissés tout d'abord, parce que leur valeur n'était pas assez élevée. Et, à mesure que cette valeur fertilisatrice s'affaiblissait, le prix de vente de la matière s'élevait, de telle sorte qu'à l'époque actuelle ce prix n'est plus en rapport avec les services que l'on est en droit d'exiger de la matière que l'on achète.

De cette situation est né le développement rapide du commerce des engrais qui livre chaque année à l'agriculture des produits plus ou moins complexes, dont la valeur commerciale difficile à apprécier par les cultivateurs n'est que rarement, pour ne pas dire jamais, en rapport avec leur valeur agronomique réelle. L'analyse chimique, en déterminant la composition des matières vendues et en constatant leur richesse en principes assimilables, permet sans aucun doute de résoudre la question, mais ce mode de vérification qui s'impose aux cultivateurs répugne au plus grand nombre, parce qu'il n'est pas mis gratuitement à leur disposition. Il constitue cependant le seul et unique moyen dont ils peuvent se servir pour se mettre à l'abri des vols dont ils sont si souvent les victimes.

Quoi qu'il en soit, le guano s'affaiblit en qualité, tandis que son cours commercial établi depuis plusieurs années sur sa vieille réputation, reste fixe. Il est donc nécessaire de remédier à cette situation, en cherchant quelles sont les substances qui peuvent remplacer l'engrais en question, comme il est urgent de le faire ?

Eh bien ! à ce point de vue, l'expérience enseigne que, quelle que soit leur origine, les phosphates de chaux, lorsqu'ils sont susceptibles d'être attaqués et dissous par l'eau contenue dans le sol arable, les sels de potasse et les sels ammoniacaux ou nitrés jouissent pour chaque espèce, à quelque variété qu'ils appartiennent, pourvu qu'ils soient de richesse égale en éléments utiles, absolument de la même valeur, quand on les compare en raison des services qu'ils peuvent rendre.

Ces trois sortes d'agents (1) sont contenus dans un grand nombre de ma-

(1) Nous ne nous préoccupons pas ici de la chaux qui est toujours donnée à la terre dans la Seine-Inférieure, par l'opération du marnage.

tières, — en particulier dans la poudrette, dans les tourteaux de graines oléagineuses et dans une masse de matières hétérogènes que le commerce offre aux agriculteurs sous des noms trop souvent pompeux et trompeurs !... Est-ce dans ces matières que l'on doit aller les chercher ? La réponse à cette question ne saurait être douteuse ; elle dit *oui*, si c'est là qu'on les rencontre au taux d'achat le plus affaibli ; elle dit *non* si l'on peut les trouver ailleurs à meilleur marché.

Eh bien ! l'expérience le prouve : c'est dans les matières premières employées par les marchands d'engrais eux-mêmes pour composer leurs mélanges qu'il faut, sans hésitation, aller les prendre. L'industrie et le commerce peuvent, en effet, livrer avec plus d'avantage, pour tous ceux qui les leur demandent, des produits bien définis qui, n'ayant été assujettis à aucun travail associateur, présentent isolément la potasse, l'acide phosphorique et l'azote, à des prix acceptables et dans des conditions telles que l'on peut toujours les employer dans les proportions voulues, — dans les proportions justement nécessaires pour assurer, sans dépenses inutiles, la production intensive des plantes cultivées.

Mais pour déterminer ces proportions, il faut connaître les besoins du sol ainsi que les exigences des plantes que l'on veut produire ; et cette connaissance ne peut être obtenue que par les indications de l'analyse chimique ou bien par les indications que les plantes elles-mêmes sont en état de fournir, lorsqu'on les cultive dans des conditions particulières que nous allons avoir à faire connaître dans un instant.

En ce qui concerne l'analyse chimique, nous avons déjà signalé les répugnances que les cultivateurs éprouvent à la consulter, et nous devons le constater d'ailleurs, dans les circonstances particulières dont il s'agit, elle donnerait bien rarement des indications utiles. Quant à consulter les plantes, quant à les faire parler, — à leur faire dire elles-mêmes leurs besoins et leurs exigences lorsque l'on doit les cultiver dans tel ou tel sol, c'est plus facile et plus certain. Elles donnent ces renseignements avec une grande précision lorsqu'on les consulte *avec soin*, dans des conditions normales et bien déterminées, sur le terrain même où elles doivent être exploitées ultérieurement. En un mot, elles parlent avec précision lorsqu'on les consulte *convenablement* dans les champs d'expériences établis conformément aux instructions données par M. Georges Ville.

M. Ville lui-même a développé magistralement l'utilité de ces champs, dans les deux belles et savantes conférences qu'il est venu faire à Rouen en 1879, sur la demande de la Société centrale, et dont le souvenir sera religieusement gardé par tous ceux qui ont pu y assister. Elles ont eu pour effet de porter la conviction dans l'esprit des membres de la Société qui a tenu à honneur, avec juste raison, de contribuer à la vulgarisation de l'œuvre de l'éminent professeur du Jardin-des-Plantes, — l'infatigable et zélé directeur du champ d'expériences de Vincennes.

C'est ainsi que la Société centrale a été amenée à s'adresser aux municipalités de sa circonscription pour provoquer, selon les conseils de M. Ville lui-même, l'annexion d'un petit champ d'expériences à chaque école de garçons dans les communes rurales. Son appel a été entendu, et au mois de mai de cette année, 69 champs étaient ou devaient être créés dans un pareil nombre de communes.

Voici comment ces champs ont été organisés :

Ils ont été partagés en deux séries, comprenant d'une part ce que nous avons appelé les *champs principaux*, et d'autre part, les petits champs. Dans le principe nous avions pensé qu'il devrait être établi un champ principal par arrondissement. Les circonstances ne nous ont pas permis d'arriver à ce résultat : la ville d'Yvetot qui nous avait promis son concours, ne nous l'a pas encore accordé. D'un autre côté, les deux bourgs de Goderville et de Saint-Romain, en raison même de leur situation comme centres de deux circonscriptions agricoles importantes, ont dû recevoir chacun l'un de ces champs, et ils ont bien voulu nous accorder leur concours pour leur établissement. En conséquence, nous avons créé cinq champs principaux qui sont situés ainsi qu'il suit dans chaque arrondissement :

Arrondissement de Dieppe...		A Tôtes, sous la direction de M. Belval, instituteur.
—	du Havre....	A Goderville, sous la direction de M. Gaudu, instituteur.
		A Saint-Romain, sous la direction de M. Seineur, instituteur.
—	de Neufchâtel.	A Neufchâtel, sous la direction du frère Adrier, directeur de l'école communale.
—	de Rouen....	A Rouen, sous la direction de M. Caulle, directeur de l'école municipale Saint-André.

Ces champs sont divisés en 40 parcelles d'un demi are, séparés par des chemins. 24 de ces parcelles, six dans chaque série, sont destinées à faire voir l'action spéciale exercée par l'azote, l'acide phosphorique et la potasse sur la production du blé (une céréale), — des pois (une légumineuse), — des pommes de terre (une plante sarclée dont l'alimentation minérale s'accomplit dans les couches superficielles et moyennes du sol), — et des carottes ou des betteraves (plantes sarclées dont les racines pivotantes, vont chercher leurs aliments dans les profondeurs du terrain sur lequel elles se développent).

Ces essais de culture ont en outre pour but de faire connaître la composition du sol, ou plutôt sa richesse et ses exigences en chacun des quatre principaux agents de fertilisation dont il faut savoir l'enrichir pour assurer le succès des opérations dont il doit être ultérieurement le théâtre. Dans ce but :

La première parcelle reçoit l'engrais chimique complet.
La deuxième — — sans azote.
La troisième — — phosphate.
La quatrième — — potasse.

La cinquième ne reçoit que l'engrais azoté seul, et enfin la sixième ne reçoit aucun engrais.

Huit autres parcelles sont destinées à des expériences qui doivent s'accomplir d'une part sur la culture du trèfle, et d'autre part sur celle du lin ou du colza, sous l'influence :

1° De l'engrais complet.
2° — sans azote.
3° — phosphate.
4° — potasse.

Enfin, les huit dernières parcelles sont destinées à la démonstration des influences exercées parallèlement par le fumier et par l'engrais chimique, employés séparément sur le même terrain assujetti à un assolement quatriennal dans lequel on fait succéder le blé au colza, — l'avoine semée avec du trèfle au blé, — le trèfle à l'avoine, — et finalement le colza (ou le lin) au trèfle qui, en recommençant une nouvelle rotation, cède la place au colza.

Quant aux *Petits champs*, ils sont situés dans les 64 localités dont les noms sont inscrits sur plusieurs des tableaux suivants. Ils sont constitués chacun par un assemblage de vingt parcelles de mêmes dimensions que celles dont nous venons de parler.

Elles ont donc aussi, chacune, une superficie de 50 mètres carrés ou un demi are. Elles sont partagées en quatre séries parallèles consacrées : la première, à des expériences sur la culture du blé ; — la seconde, à des expériences sur la culture des pois ; — la troisième, à des expériences sur la culture des pommes de terre, et la quatrième, enfin, à des études sur la production des carottes ou des betteraves.

Les cinq parcelles de chaque série sont disposées de telle sorte qu'elles sont actionnées :

La première par le fumier.
La deuxième par l'engrais chimique complet.

La troisième par l'engrais minéral, c'est à-dire par l'engrais complet privé d'azote.

La quatrième par l'engrais azoté sans aucune addition de substance minérale, et enfin

La cinquième ne reçoit aucun engrais.

Cette organisation particulière et commune à tous les champs d'expériences a été adoptée de préférence à toute autre pour cette première année d'études, parce que, dans l'ignorance où nous nous trouvions fatalement, de la qualité et du degré de fécondité de chaque terrain mis à notre disposition, nous n'avions et ne pouvions avoir, tout d'abord, qu'à nous préoccuper de la détermination de ces qualités dans les diverses couches superficielles, moyennes ou profondes, dont la richesse en éléments fertilisateurs s'accuse souvent par des différences considérables dans les proportions relatives de ces éléments.

Nous devions aussi et, en même temps, mettre en œuvre les moyens les plus convenables et les plus efficaces pour nous conduire à la connaissance de la richesse et des exigences de la terre, en chacun des éléments constitutifs de l'engrais complet nécessaires pour assurer la production la plus élevée des récoltes, dans chaque sorte de culture. En cette circonstance comme pour les études opérées dans les champs principaux, nous nous sommes particulièrement éclairé des conseils de M. Georges Ville, à la science et au désintéressement de qui nous saisissons avec empressement cette occasion de rendre un légitime hommage.

Nous avons pensé que les mêmes quantités d'agents fertilisateurs devaient être attribuées partout et à toutes les parcelles similaires de chaque série d'essais. En conséquence, nous avons demandé aux expérimentateurs qu'ils veuillent bien incorporer *un tiers de mètre cube de fumier de qualité moyenne, — de qualité ordinaire*, à chacune des parcelles désignées pour le recevoir.

Quant aux engrais chimiques, ils ont été composés ainsi qu'il suit, quant à l'engrais complet, selon qu'ils étaient destinés à une variété ou à l'autre des plantes mises en expérience. En voici la formule pour tous les champs principaux et petits :

Composition des engrais chimiques employés.

PRODUITS EMPLOYÉS		ENGRAIS COMPLET DESTINÉ					
		au blé.	aux pois.	aux pom. de terre	aux carottes ou betterave	au colza ou au lin	au trèfle ou l'avoine.
Engrais minér.	Superphosphate de chaux riche à 12 d'ac. phosphorique assimilable p. 0/0.	2 k.	2 k.	2 k.	2 k.	2 k.	1 h.
	Chlorure de potassium à 80° de pureté, titrant la moitié ou 50 p. 0/0 de potasse	1	1	2	1	1	0.5
	Sulfate de chaux	1	2	2	1	2	1 »
Engrais azoté.	Sulfate d'amoniaque contenant 20 p. 0/0. d'azote.......	2	1	2	1	1.5	0.5
	Nitrate de soude contenant 15 p. 0/0 d'azote....	»	»	»	2	» »	» »

Les pommes de terre avaient été indiquées comme devant recevoir 2 kilogrammes de nitrate de soude. On leur a donné, par erreur, 2 kilogrammes de sulfate d'ammoniaque. Cela est sans importance ici.

Dans les champs principaux, tous les éléments de l'engrais complet moins un, exclu alternativement de sa composition, ont reçu les attributions que nous avons déjà indiquées, de telle sorte (on nous pardonnera de le redire), — de telle sorte qu'une série de parcelles n'a reçu que l'engrais minéral, c'est-à-dire le superphosphate de chaux, le chlorure de potassium et le sulfate de chaux sans azote ;

Une seconde série n'a reçu que le chlorure de potassium, le sulfate de chaux et le ou les sels azotés. Cela constituait l'engrais sans phosphate ;

Une troisième série a reçu le superphosphate et le sulfate de chaux avec les éléments de l'engrais azoté, ce qui constituait l'engrais sans potasse ;

Enfin, une quatrième parcelle n'a reçu que du sulfate d'ammoniaque, seul ou mélangé de nitrate de soude, mais sans superphosphate, sans chlorure de potassium et sans sulfate de chaux. Ces parcelles n'ont donc reçu que de l'engrais azoté.

Maintenant, dans les petits champs, une parcelle de chaque série n'a reçu que de l'engrais minéral sans azote, tandis qu'une autre parcelle n'a reçu que de la matière azotée sans accompagnement d'aucune autre substance active. Dans ces conditions, l'analyse et la détermination des besoins du sol sont sans doute un peu moins complètes, un peu moins parfaites que dans les champs principaux, mais elle suffit cependant pour les démonstrations que nous nous étions proposé de faire cette année.

Les conditions de fertilisation des sols sur lesquels nos essais ont été faits étant bien connues, il ne nous reste plus qu'à déterminer encore les quantités respectives d'azote, de potasse et d'acide phosphorique qui ont été mises dans chaque série à la disposition des plantes.

Le fumier, nous l'avons déjà dit, a dû être employé à la dose d'un tiers de mètre cube par demi-are de terre fertilisée avec son secours. Cela correspond à la forte fumure de 60 mètres cubes ou 48,000 kilogrammes par hectare, puisque le mètre cube est généralement considéré dans notre contrée comme pesant 800 kilogrammes.

Il résulte de ceci que chaque parcelle a reçu ou dû recevoir 266 kilogrammes de fumier, contenant d'après les indications précédemment données :

1090 grammes d'azote.
997 — de potasse.
478 — d'acide phosphorique.

tandis que l'engrais chimique complet dont on s'est servi n'apportait que les quantités de principes utiles indiquées pour chaque sorte de culture dans le tableau suivant :

PRINCIPES ACTIFS	CULTURE					
	du blé.	des pois.	des pommes de terre.	des racines pivotantes	du colza ou du lin	du trèfle ou de l'avoine.
	gram.	gram.	gram.	gram.	gram.	gram.
Acide phosphorique	240	240	240	240	120	120
Potasse..............	250	250	500	250	250	125
Azote............	400	200	400	350	300	200

On remarquera l'énorme différence qui existe entre les proportions respectives de chaque agent, selon qu'il est contenu dans l'engrais chimique ou le fumier. Ainsi, pour l'azote en particulier, l'engrais de ferme a dû apporter dans tous les cas (sauf sur l'avoine et le trèfle où il n'a été employé qu'à demi dose, 1/6 de mètre cube) environ 1090 grammes de cet élément, tandis que l'engrais chimique ne le fournissait qu'à la dose de 400 grammes sur le blé et les pommes de terre; — 350 grammes pour les carottes et les betteraves; — 300 grammes pour le colza et le lin, et 200 grammes seulement pour les pois, le trèfle et l'avoine.

En adoptant ces proportions, nous avons été mû par une double pensée : nous nous sommes rappelé d'abord que l'azote du fumier ne devient capable d'intervenir utilement dans la vie des plantes qu'autant qu'il prend la forme ammonicale ou nitrique, en se libérant ou après s'être libéré par la fermentation des combinaisons organiques dans lesquelles il se trouve engagé. Or, l'on sait, depuis les expériences si précises de MM. Lawes et Gilbert, Pugh, Reizet et Georges Ville, qu'un quart environ, — souvent plus, — de l'azote contenu dans les matières organiques, se dissipe alors dans l'atmosphère en reprenant sa forme élémentaire gazeuse et inerte, au grand préjudice de ceux qui l'emploient dans cet état particulier de combinaison.

Nous nous sommes rappelé aussi que le fumier ne produit ordinairement que la moitié de son effet fertilisateur pendant la première année de son incorporation au sol, tandis que l'engrais chimique, en raison de la facile solubilité de ses éléments, est utilisé en totalité pendant la saison qui suit son incorporation, et dans la mesure des besoins des plantes qui croissent sous son influence, s'il ne leur est pas donné en excès.

C'est pour cette raison que nous nous sommes gardé d'en exagérer la proportion qui, cependant, s'est trouvée être encore plus considérable qu'il n'était nécessaire dans la plupart de nos champs, eu égard à leur richesse initiale déjà acquise en éléments nécessaires, ainsi que nous l'établirons plus loin.

Quoique nos expériences de cette année n'aient pas été entreprises en vue d'obtenir des renseignements sur le prix de revient comparé des produits obtenus, d'une part, sous l'influence du fumier, et d'autre part, sous l'influence de l'engrais chimique, il est nécessaire néanmoins d'établir l'intensité des dépenses opérées dans l'un et l'autre cas. Pour l'engrais chimique cela est facile. Il n'en est pas de même pour le fumier, car les opinions les plus diverses sont professées en ce qui le concerne. Ce qui est certain, c'est que le transport de celui-ci, jusque sur le sol auquel on le destine, son épandage et son incorporation nécessitent, en moyenne et peut-être au minimum, par hectare, une dépense de 50 fr. 55 lorsque l'on en donne 52 mètres cubes sur la superficie indiquée, tandis que le prix de l'épandage au moyen du semoir, des 12 à 1,600 kilogrammes d'engrais chimiques qui en forment l'équivalent, n'excède pas 6 à 7 fr. C'est donc une augmentation de dépense de 43 fr. qu'il faut mettre à la charge d'une fumure à l'engrais de ferme, faite à la dose de 32 mètres cubes, ci. . . . . 43 fr.

Maintenant le prix de revient d'un mètre cube de fumier, rassemblé en tas dans la fosse, devant les étables et les écuries de la ferme, ne nous semble pas pouvoir être fixé à l'époque actuelle à moins de 8 fr., si l'on veut rendre rémunératrices les opérations dont le bétail est l'objet. Cela donne, pour les 32 mètres cubes dont nous admettons l'emploi, une dépense de. 256

Par conséquent, le prix de revient de cette sorte de fumure n'est pas inférieur à. . . . . 299 fr.

Quant à son équivalent en engrais chimique, appliqué en deux années successives, il doit s'établir ainsi qu'il suit, aux cours commerciaux actuels des agents employés :

400 kilogrammes de sulfate d'ammoniaque, contenant 80 kilogrammes d'azote, ou une proportion égale à celle de l'azote *utilisable* (c'est-à-dire les 3/4 de la proportion de l'azote total contenu dans les 32 mètres cubes de fumier) à 55 fr. les 100 kilogrammes. . . . . 220 fr.

200 kilogrammes de chlorure de potassium représentant 100 kilogrammes de potasse (le fumier en apporte, 99 k. 4), à 22 fr. les 0/0 44

400 kilogrammes de superphosphate de chaux contenant 48 kil. d'acide phosphorique assimilable (le fumier en contient 47 kil. 7) à 12 fr. les 100. 48

Cela donne pour le prix de revient d'une fumure à l'engrais chimique, équivalente à celle du fumier. . . . . 312 fr.

Dans ces conditions, comme on le voit, la fumure à l'engrais chimique est à peine plus onéreuse que celle au fumier.

Nous devons déclarer qu'en réalité elle est plus économique, attendu que si l'on ne peut pas régulariser l'emploi de celui-ci, quant à ses apports de l'un ou l'autre des agents utiles qu'il contient, et pour empêcher leur gaspillage que l'on ne peut éviter d'ailleurs, il est possible avec les engrais chimiques de n'effectuer que les dépenses necessaires, ainsi que l'a fait voir M. Ville, et que nous le ferons voir nous-même dans la dernière partie de ce rapport.

Toutefois, comme l'on ne donne pas aux cultivateurs le conseil de fertiliser leurs terres sans recourir à l'emploi de l'engrais normal que l'on prépare dans leurs fermes, mais qu'on les excite au contraire à compléter son insuffisance en lui adjoignant les matières nécessaires, il devient bien évident que l'on peut, dans les circonstances actuelles, assurer partout la production intensive de tous les végétaux cultivés, celle du blé en particulier, sans rendre les dépenses plus onéreuses que si l'on opérait sous l'influence d'une proportion convenable de fumier.

Maintenant que nous avons exposé tous les renseignements qui sont indispensables pour pouvoir comprendre et juger les résultats de toutes les expériences entreprises dans nos champs, nous allons exposer ces résultats dans une série de tableaux qui permettront de les comparer entre eux dans chaque série de culture, mais auparavant, nous allons consigner dans un premier cadre les renseignements propres à faire connaître dans toutes les circonstances, la nature du sol et du sous-sol de chaque champ, l'exposition de celui ci et la nature de la dernière récolte qu'il a donnée. Ce sont des éléments d'appréciation qu'il est utile de posséder.

Ensuite, nous grouperons tous les résultats et les observations relatifs aux expériences faites dans les champs principaux, et nous continuerons en agissant de même à l'égard de tout ce qui a trait à l'histoire des petits champs.

Enfin, et pour terminer, nous exposerons les déductions générales que nous croyons pouvoir tirer de tous les résultats obtenus.

I. — *Renseignements sur la nature, l'orientation et les qualités du sol expérimenté.*

Situation du champ d'expériences.	NATURE DU Sol arable	du Sous-sol	Epaisseur du sol arable	Expositi[on] du champ.	Abris	Nature de la dernière récolte.
Auffay.......	Terre légère	—	—	Est.	....	Avoine.
Authieux (Les)	Sabl. et cail.	Tuf avec sil.	0m12 à 0m15	Horizont.	au Nord.	Blé..
Bardouville...	Sable.	Sable.	0.20 à 0.25	id.	sans abri	Seigle.
Baromesnil...	Argilo silic.	Argilo-silic.	0.25	Sud.	....	Avoine.
Berneval-le-Gr.	Sableux.	Argilo-sabl.	0.40	Horizont.	sans abri	Blé.
Biville-la-Riv.	Diluv.-cail.	Cailloux.	0.08	N.O.	futaie	Trèfle.
Boisguillaume	Argileux.	Argile et tuf.	0.30 à 0 40	O.	sans abri	Better.
Bosc-Edeline .	Humide.	Humide.	0.20	Midi.	....	Avoine.
— Mesnil....	Argilo silic.	Argile.	0.20	N.E et S.E	sans abri	Blé.
Bradiancourt.	Argileux.	Tuf et cail.	0.15	N N.O	incl. S.E.	Blé.
Campneusevil[e]	Argileux.	Argilo-sabl	0.40 à 0.50	Horizont.	à N. et S.	Seig. blé
Catelier (Le)..	—	—	—	—	—	—
Caud.-lès-Elb.	—	—	—	—	—	—
Contremoulins	Siliceux.	Arg. et cail.	0.25	O.	sans abri	Carottes
Crique (La)...	Argileux.	Calc. et grés	0.20 à 0.30	à t. vents.	incli. à S	Trèfle
Criq.-sur-Ouv.	Argilo-Silic.	Argileux.	0.25	Sud.	gr. arb. N	Blé.
Fesque.......	Crayeux.	Bancs pier.	0.25	S.E.	....	Blé.
Folletière (La)	Argileux.	Argile perm.	0.25	Midi.	Arbres	Blé.
Fresne-le-Plan.	Argileux.	Argile silic.	0.35	S.E.	sans abri	Av. 78-79
Fréville.......	Terre fran.	Argileux.	0.29	Favorable	incl. v. O	blé 78-79
Ganzeville....	Terre légère	Tuf.	0.30	Sud.	....	Better.
Graincourt....	Arg. sabl. h.	Argileux	0.35 à 0.40	Sud.	....	Blé.
Goderville....	Argilo silic.	Argile.	0.25	E.	à l'Ouest	Better.
Gommerville..	—	—	—	—	—	—
Grand-Camp..	Argileux.	Argileux.	0.20	S.	abri. N.O	Trèfle.
Grand-Couronne	Sable.	Sable et cail.	0.25	S.	....	Pa. car.
Grigneuseville	Argileux.	Argileux.	0.30	S.	....	Vesce.
Gueures......	Argileux.	Calcaire.	2 mètres.	lég. à N.	pas d'ab.	Blé. av.
Gueutteville...	Ter. meubl.	Argile.	0.30	Midi.	....	Orge.
Hanouard (Le)	Argilo-silic.	Cailloutoux.	0.25	S E.	sans abri	Trèfle.
Héron (Le)....	Cal. arg. sil.	Calcaire	0.30	E.	entre bois	Avoine.
Huglev[e].-en-C.	Argileux.	Tuffeux.	0.20		abr. au N	Trèfle.
Jauv.-lès-Diep.	Argilo-silic.	Argileux.	0.20	E.S.E.	sans abri	....
Longueville...	Sol de 4e cl.	Craie.	0.07 à 0.08	E. à O.	entre bois	Carotte.
Louvetot......	Argileux.	Argile.	0.75	Midi.	sans abri	friche.

I. — Renseignements sur la nature, l'orientation et les qualités du sol expérimenté (Suite).

Situation du champ. d'expériences	NATURE DU		Epaisseur du sol arable	Expositⁿˢ du champ.	Abris	Nature de la dernière culture.
	Sol arable	Sous-sol				
Marques.....	Argileux.	Argileux.	0ᵐ16	S.E	....	Blé.
Melleville.....	Argileux.	Ar. perm éa	0.15 à 0.20	Horizon.	Haie N.O	Herbage
Montivillers...	Terre franch	Argilo-silic.	0.30	O.	arb. au S.	Blé.
Neufchâtel	Calcaire.	Marneux.	0.40	N.E.	incl y. S.	Blé.
Neuville	Argilo-silic..	Marneux.	0.13 à 0.20	Midi.	arb. à l'O	Trèfle.
Normanville..	Argileux.	Argileux.	0.25	S.	sans abri	Blé.
Ouville-l'Abb.	Légèrt. argil.	Glaiseux.	0.35	S.E.	....	Blé.
Penly..........	Sableux	Sableux.	0.18	Midi	....	Avoine
Petit-Couronn	Sableux	Calcaire.	0.12	Horizon.	....	Carotte.
Pierrecourt ...	Argileux....	Argilo-sabl.	0.15	S.E.	Haie N.	Orge.
Quincampoix.	Terre franch.	Argileux.	0.30 à 0.40	S.E.	Haie N.E.	Avoine
Ronc.-en-Bray	Calcaire.	Marneux.	0.20	—	pet. rid.	2/3b.1/3a
Rouen.........	Calcaire.	Calcaire.	0.35	S E.	Haie N.O	Seigle.
St-Aubin-Epin	Arg. et sable	Crayonneux	0.35 à 0.40	S.E.	....	Herbage
St-Etienᵉ-du-R	Sableux.	Pierreux.	0.25	O.	....	P. de t.
St-Germ.-d'Et.	Calcaire.	Marneux	0.40	S.	Abr. E.O.	Sainfoin
St-Honoré	Argileux.	Imperméab.	0.25 à 0.30	—	sans abri	Betteray
St-P.-lès-Elb..	Sableux.	Sableux.	0.50	en pleine	sans abri	p.deterre
St-Romain....	Argileux.	Argileux.	0.50	Midi.	sans abri	Blé patis
Ste-C.-s-Buchy	Argileux.	Argileux.	0.40	S.	4 pomm.	Trèfle.
Saussay (Le)	Argileux.	Cail. et Marn	1 mètre	O	....	Trèfle
Sept-Meules...	—	—	—	—	....	—
Sévis..........	Terre végét.	Argileux.	0.20	Midi.	....	Blé.
Sommery.....	Calc. (t. lég)	Marne.	0.30	Midi.	....	Blé.
Thiergeville...	Argileux.	Argile imper	0.20	Midi.	Arb. a. S	Trèfle
Torcy-le-Grand	Calcaire.	Argileux.	0.25	Midi.	Ar. à E O	Trèfle
Tôtes	Argileux.	Argileux.	0.50	Midi.	sans abri	Blé herb.
Tourville......	Terre franch	Argileux.	0.45	N.E.	en cuve.	Blé.
Toussaint.....	Sableux.	Calcaire.	0.45	Midi.	....	Blé.
Triqueville....	3ᵉ classe.	Cail. Glaise.	0.15	Midi.	abri au N	Trèfle
Vieux-Rouen.	Calcaire.	Calcaire.	0.25	S.E.	Haie à l'E	Avoine.
Villequier.....	Argilo hum.	Imper. hum.	—	Horizon.	....	Blé.
Villers-Ecal...	—	—	—	—	—	—
Yville-s.-Seine.	Sable.	Sable.	—	Midi.	Arb. a. N	P. de t.

Champs principaux. — II. Expériences sur le blé.

INDICATION des parcelles cultivées.	Production en hectol. de grain du poids de 70 kil. 5, ramenée à l'hect. dans le champ d'expériences de				
	Goderville	Neufchât.	Rouen	St-Rom.	Tôtes.
			»		«
N° 11 au fumier..........	20 h. 6	11 h. 5	»	25 h. »	«
12 à l'engrais complet.	21 . 9	13 . »	»	30 . 1	«
15 —	11 . 6	13 . »	«	27 . 6	«
16 — sans azot.	14 . 2	9 . 2	»	24 . 5	«
17 — phophate	12 . 9	11 . 7	»	26 . 6	«
18 — potasse..	14 . 2	11 . 8	»	22 . 4	«
19 azoté seul.........	15 . 5	10 . 5	»	25 . »	«
20 sans aucun engrais.	7 . 7	11 . »	»	14 . 7	«

OBSERVATIONS.

Goderville. Le terrain du champ d'expériences a été labouré avant l'hiver. Il a reçu de nouvelles façons au printemps. Malgré cela, il s'est trouvé encore envahi par les mauvaises herbes. La sécheresse du printemps qui a persisté jusqu'en juin a été nuisible pour tous les ensemencements. Le blé a été semé le 15 mars. Pendant la première période de sa végétation, il a été envahi par la matricaire puante, le coquelicot et autres plantes adventices qui ont nui à son développement.

Lors de la maturité du grain, il a été pillé par les oiseaux qui ont fait beaucoup de tort à la récolte.

Neufchâtel-en-Bray. Le sol était infesté de mauvaises herbes qu'il aurait fallu enlever par un bon coup d'extirpateur. Les circonstances n'ont pas permis de le faire : on s'est borné à pratiquer un seul labour.

Le blé a été semé le 7 avril, et c'est la parcelle au fumier qui a donné la meilleure germination. Celle-ci s'est manifestée sur le n° 20 avant de devenir appréciable sur les six autres, mais sous l'influence des pluies, la végétation est devenue plus active sur celles-ci. Les rendements en grain sont très faibles, parce que les oiseaux ont accompli de grandes déprédations sur toutes les parcelles. La parcelle n° 16 a donné un blé chétif à paille très mince, feuilles très petites d'un vert jaune et épis très courts.

Rouen. — Le blé a été semé le 10 novembre 1879, et il a beaucoup souffert de l'hiver. Plus tard, la grêle du 17 juillet a gravement compromis la récolte qui a été anéantie en totalité, quant au grain, par les oiseaux qui l'ont dévoré, tandis qu'il était encore laiteux.

Saint-Romain. La germination s'est accomplie plus vite sous l'influence du fumier qui a paru, dès l'abord, plus favorable à la végétation que l'engrais chimique, dont l'énergie ne s'est accentuée qu'en juin après la chute des premières pluies. La parcelle no 16 a donné un blé chétif, qui, le 18 juin, était jaune et sans force. L'ensemencement avait été fait le 5 avril. Les plantes ont été couchées en juillet par les pluies d'orage. Les parcelles 11 et 12 sont situées sur l'emplacement d'une ancienne prairie, et la parcelle no 20 sur un bléris. Les autres parcelles sont constituées dans des conditions intermédiaires : leur sol n'est donc pas homogène dans toutes ses parties, et cette circonstance explique l'infériorité de la parcelle no 13 par rapport au no 12 qui, de même qu'elle, avait reçu l'engrais complet.

Tôtes. Le sol, en fort mauvais état, était infesté de mauvaises herbes lors de la première culture faite au printemps. On ne l'a pas chargé de blé sur les parcelles qui devaient recevoir cette céréale ; on y a remplacé celle-ci par des betteraves.

III.— Expériences sur l'avoine et le trèfle.

Nature des produits récoltés et indications des parcelles.	Production en kilog. de grains ou de fourrages, ramenée à l'hectare, dans le champ d'expériences de				
	Goderville	Neufchat.	Rouen.	St-Romain	Tôtes
Avoine, grain, parcelle no 21	3.200	2.110	»	3.040	1.200
Avoine, grain, parcelle no 22	3.000	1.890	»	3.540	1.600
Foin de trèfle 1re coupe.					
Parcelle 31 à l'engrais comp.	»	2.200	»	4.400	»
32 sans engrais......	»	2.500	»	4.400	»
3 engrais complet..	»	2.200	»	4.500	»
13 — sans azote	»	2.400	»	4.800	»
23 — phosph.	»	2 340	»	4.500	»
33 — potasse.	»	2.280	»	5.600	»

OBSERVATIONS.

Goderville. L'avoine a été semée le 15 mars, le même jour que l'engrais chimique par un vent qui a contrarié les épandages. Les moineaux ont fait beaucoup de tort à la récolte. Quant au trèfle, sa végétation s'est trouvée arrêtée par la persistance de la sécheresse. Toutes les parcelles étaient envahies par de mauvaises herbes.

Neufchâtel. L'avoine a été semée le 9 avril. La sécheresse a paralysé en partie son développement sur la parcelle n° 22. Les oiseaux ont encore exercé leurs déprédations. Les coquelicots et la moutarde des champs ont envahi les parcelles consacrées à la production du trèfle, et la valeur de la récolte s'en est trouvée amoindrie, quoique l'on se soit débarrassé à plusieurs reprises de ces plantes envahissantes, par de bons sarclages.

Rouen. La récolte d'avoine a été compromise par la grêle du 17 juillet et par les oiseaux qui n'ont presque pas laissé de grain. Le trèfle n'a donné lieu à aucune moisson : la sécheresse avait paralysé la germination de deux ensemencements successifs.

Saint-Romain. L'avoine a été semée le 6 avril. Son développement s'est opéré régulièrement. Le trèfle semé le même jour a mal levé à cause de la sécheresse.

Tôtes. L'avoine semée le 6 avril n'a donné lieu à aucune remarque. Cependant les chiffres de production sont très faibles. Les états relatifs à la production des récoltes dans le champ d'expériences portent en blanc leurs colonnes relatives au trèfle.

IV. — *Expériences sur les pois.*

Nos D'ORDRE des parcelles cultivées.	Production en hectolitres de grain (1) ramenée à l'hectare dans le champ d'expériences de				
	Goderville	Neufchatel	Rouen	St-Romain	Tôtes
5 à l'engrais complet	16h.	11h.6	11h.4	18h.75	75h. 1
6 — —sans azote	13. 5	10. 5	9. 9	26. 25	105 . 1
7 — — —phosp.	11.75	7. 6	6. »	23. 25	112 . 1
8 — — potasse.	3.75	6.45	2. »	11. 25	95 . 4
9 — azoté seul......	12.25	2. 3.	3. 4	19. 75	75 . 1
10 sans aucun engrais.......	9.9	2.25	4. 2	12. 25	55 . 1

OBSERVATIONS.

Goderville. Les pois ont été semés le 17 avril. La cause de l'infériorité de la parcelle n° 8 n'a pu être indiquée, mais lorsque nous visitâmes ce champ, cette parcelle était plus clair-semée que les autres, de telle sorte qu'il est permis de croire que la germination, entravée comme partout et peut être plus que partout, par la sécheresse, s'y est accomplie d'une façon moins parfaite. Au reste, il est à remarquer que, sauf pour le blé, toutes les parcelles du champ de Goderville qui n'ont pas reçu de potasse ont été moins fécondes que les autres. Evidemment la terre de ce champ réclame, pour être fertile, un apport de cet élément.

(1) Nous admettons que l'hectolitre de pois pèse 80 kilogrammes.

Neufchâtel. Les pois ont été semés du 7 au 10 mai. Ils ont mal levé; beaucoup même ne l'ont pas fait, surtout dans les parcelles 8, 9 et 10. Les plantes développées sur ces parcelles ont toujours été chétives. La plupart des fleurs n'y ont pas grené, surtout dans les deux dernières.

Rouen. Les pois ont été semés du 26 au 29 avril. La sécheresse a retardé de beaucoup la germination, surtout dans les parcelles 7, 8 et 9, où beaucoup de grains n'ont levé qu'en juin, après la pluie. La grêle du 17 juillet a meurtri les cosses et compromis la récolte, dont les grains étaient tachés en grand nombre.

Saint-Romain. Les pois ont été semés le 25 avril. La pauvreté de la récolte opérée sur la parcelle n° 8, sans potasse, n'a pas été expliquée.

Tôtes. Les semailles ont été faites le 12 avril. Les chiffres si exceptionnellement élevés des récoltes opérées sur toutes les parcelles du champ de Tôtes consacrées à la production des pois, ont été l'objet d'observations auxquelles l'on a répondu ceci : « Les anomalies constatées dans les rendements « en pois sont dues probablement à la nature du labour qui a été pratiqué. « Le terrain sur lequel étaient établis les pois a dû être défriché, puis ni- « velé. De là des déplacements de la couche arable qui ont dû singulière- « ment influencer la production. »

La production des pailles est accusée aussi dans des rapports bien élevés : elle oscille de 10,400 kilogrammes (par hectare) sur la parcelle sans engrais, à 24,400 kilogrammes sur la parcelle sans azote !

V. — *Expériences sur les pommes de terre.*

INDICATION des parcelles cultivées.	Production en kilog. de tubercules sains, ramenée à l'hectare dans le champ d'expériences de				
	Goderville	Neufchâtel	Rouen.	St-Romain	Tôtes.
N° 25 à l'engrais complet......	23.000	12.800	27.000	28.000	6.000
26 — —sans azote	21.400	7.800	21.400	28.000	5.000
27 — — — phosp.	23.200	13.100	26.070	25.700	4.000
28 — — potas.	19.200	13.900	16.270	24.660	3.400
29 — —azote seul.	21.400	16.000	14.730	21.800	3.000
30 sans aucun engrais......	19.900	12.300	13.600	19.260	1.000

OBSERVATIONS.

Goderville. La plantation a été faite le 12 avril. Le 10 juillet, la hauteur des tiges et la vigueur de la végétation étaient supérieures sur la parcelle n° 25. Elles étaient remarquables aussi sur les parcelles 26 et 27. La hauteur des tiges y était d'un tiers plus grande que sur les parcelles suivantes, mais la couleur des feuilles qui était d'un vert jaune sur le n° 26 était d'une teinte foncée sur 25 et 27. La parcelle n° 28 était chargée de plantes dont les tiges moins développées portaient encore des feuilles d'une belle couleur verte tirant sur le noir. L'aspect était satisfaisant sur le n° 30, mais la teinte des feuilles y était moins intense que sur la parcelle 29, où elle était encore d'un vert foncé.

Neufchâtel. Plantés le 7 avril, trop tard en raison de la nature du terrain, et paralysés dans leur développement pendant la longue période de sécheresse du printemps, les tubercules n'ont reproduit que des pommes dont la grosseur était inférieure à la moyenne. La maladie a été peu sensible, car sur les 379 kilogrammes qui ont été récoltés, il y en avait à peine deux ou trois de mauvais. Les plantes de la parcelle n° 26 avaient leurs fanes petites, jaunes et chétives. Les feuilles étaient très vertes, au contraire, sur les cinq autres parcelles, surtout sur le n° 29. Le n° 30 était un peu inférieur.

Rouen. Les pommes de terre ont été plantées les 25 et 26 mars. Au moment de l'arrachage, il y avait peu de tubercules de malades, mais trois semaines plus tard on a dû faire un tri et jeter près du dixième de la récolte.

Saint-Romain. On a fait la plantation le 10 avril. Le 18 juin, les plantes de la parcelle n° 26 avaient les feuilles plus jaunes que les autres ; elles paraissaient avoir moins de vigueur. Malgré cela, on voit qu'elles ont donné un produit aussi abondant que celui de la parcelle n° 25, à l'engrais complet, seulement elles étaient plus courtes et minces, tandis que celles-ci sont longues et fortes, comme celles de la parcelle n° 27 sans phosphate.

Tôtes. La médiocrité du rendement est attribuée à la tardiveté des plantations opérées en deux fois, le 10 avril et le 5 mai ; les tubercules de la première plantation avaient été mangés par les corneilles qui sont abondantes dans la région.

VI. — *Expériences sur les carottes.*

INDICATION des parcelles cultivées.	Production en kilogrammes de racines, ramenée à l'hectare dans le champ d'expériences de				
	Goderville	Neufchâtel	Rouen	S-Romain	Tôtes.
N° 35 à l'engrais complet......	11.900	18.900	14.200	14.960	12.000
36 — — sans azote	10.500	15.150	12.800	17.600	11.200
37 — — — phosph	16.400	21.400	19 200	19.060	11.000
38 — — — potas.	7.000	17.000	8,200	14.300	10.000
39 — azoté seul ..	10.000	16.000	5.400	6.500	8.000
40 sans aucun engrais......	13.400	12.200	3.800	18.700	7.000

OBSERVATIONS.

Goderville. La graine a été mise en terre le 21 avril, mais elle a levé avec difficulté à cause de la sécheresse. Les feuilles ont été atteintes de la rouille, particulièrement sur la parcelle n° 58, sans potasse.

Neufchâtel. Ensemencées du 5 au 6 mai, les parcelles chargées de carottes ont souffert, de même que toutes les autres, de la sécheresse. Leur végétation a pris son essor en juin, après la pluie. Les feuilles se sont mal développées sur la parcelle n° 40, sans engrais, où elles étaient « ternes et petites. »

Rouen. La graine semée du 30 avril au 3 mai n'a levé qu'après la mi-juin, à cause de la sécheresse. De l'avis du directeur du champ d'expériences, il n'est pas permis de tirer de conclusions des récoltes obtenues dans ces essais.

Saint-Romain. Le semis a été fait le 25 avril. Comme partout la sécheresse a retardé la levée des plantes qui, au 1er septembre, se trouvaient atteintes de la rouille et portaient sur plusieurs parcelles leurs feuilles mortes et desséchées.

Tôtes. L'ensemencement exécuté le 10 juin était trop tardif de cinq semaines au moins. Il n'a donné lieu qu'à une faible récolte.

VII — *Expériences sur le lin (et sur le colza).*

INDICATION des parcelles cultivées.	Production en kilogrammes ramenée à l'hectare dans le champ d'expériences de :								
	Goderville.		Neufchâtel		Rouen		St-R.	Tôtes.	
	Grain	Tige.	Grain	Tige.	Grain	Tige.	to. lc	Gr.	Tige.
N° 1 au fumier..................	700	4 000	372	1.680	1.996	»	6.000	350	4.425
2 à l'engrais complet.......	600	3.600	590	1.600	2.028	»	6.600	270	4.665
4 — —.........	800	4.800	[illegible]	2 550	580	2.360	6.000	310	4.845
14 — sans azote.	500	2.800	350	1.840	499	2.060	3.800	170	4.215
24 — — phospha	500	3.900	436	2 150	580	2.720	7.000	150	3.925
34 — — potasse.	500	3.400	476	2.600	150	780	5.800	150	3.525

OBSERVATIONS

Goderville. Le lin a été semé sur toutes les parcelles le 18 avril. Sa germination a été retardée par la sécheresse, et les rendements ont été modifiés par les effets consécutifs des pluies tombées le 5 et le 14 juillet, qui ont couché les plantes en brisant leurs tiges. L'action désastreuse de cet accident climatérique s'est surtout fait sentir sur la parcelle n° 2 à l'engrais complet, dont la végétation avait été aussi vigoureuse jusque-là que celle de la par celle n° 4 chargée aussi d'une dose entière de cet engrais, qui a été moins abîmée.

Neufchatel. Le lin n'est pas cultivé dans la contrée. L'ensemencement s'est fait tardivement (du 25 au 29 avril) sur un terrain que l'on n'avait pu disposer convenablement, car malgré quatre sarclages successifs, il a produit encore beaucoup d'herbes. La hauteur des tiges a oscillé en moyenne entre 50 et 65 centimètres. C'est sur la parcelle n° 1 que les plantes ont levé d'abord : elles y avaient acquis déjà une longueur de 5 à 6 centimètres lorsqu'elles ont commencé à se montrer sur les autres parcelles qui, cependant, avaient été ensemencées plutôt ; mais un peu de pluie a suffi pour réparer ce retard. Le n° 14 a toujours paru le moins vigoureux ; son aspect était plus jaune.

Rouen. Les parcelles n°s 1 et 2 ont été livrées à la culture du COLZA, dont le rendement en grain est indiqué. La plantation avait beaucoup souffert des rigueurs de l'hiver pendant la durée duquel 52 pieds sont morts sur la parcelle n° 1, et 72 sur la parcelle n° 2. Les oiseaux ont commencé à attaquer le grain dès les premiers jours de la maturation, de telle sorte que pour se garantir du pillage on a procédé un peu hâtivement à la récolte.

Quant au LIN, il a souffert considérablement de la sécheresse qui l'a particulièrement endommagé sur la parcelle n° 54.

Saint-Romain. On a procédé à l'ensemencement le 12 avril. Les parcelles 1, 2 et 4 se sont trouvées établies sur un bléris rompu à l'automne, tandis que les parcelles 24 et 54 l'ont été sur un herbage défriché au printemps. La parcelle n° 14 était intermédiaire entre 4 et 24, mais elle appartient pour les deux tiers, peut-être pour les trois quarts, à l'ancien herbage.

Il y avait plus d'herbe dans le lin de la parcelle n° 2 que dans celui des autres.

Tôtes. Semé le 26 avril, le lin a été longtemps à lever à cause de la sécheresse. Il s'est développé ensuite d'une façon vigoureuse, surtout en longueur, sans que les tiges aient pris une grande consistance. Les orages survenus en juillet ont été désastreux en ce qu'ils ont versé les plantes. Les chiffres de production en tiges consignés au tableau précédent sont moitié moins considérables par leur valeur que ceux qui nous ont été indiqués ; il nous a semblé que cette réduction était nécessaire en présence de tous les autres résultats obtenus de la culture du blé, des pommes de terre et des carottes dans le champ de Tôtes.

Petits champs. *VIII. — Expériences sur le blé.*

LIEUX où sont situés les champs d'expériences	Expérimentateurs Messsieurs	Production en hectolitres de grain, ramenée à l'hectare sur la parcelle				
		No 1 au fumier.	No 2 à l'engr. complet.	No 3 à l'engr. minéral.	No 4 à l'engr. azoté	No 5 sans engrais
Auffay	Langignon	26 h. 8	28 h. 1	24 h. 25	17 h. 8	17 h. 8
Anthieux s. le P.-St-O.	Margris	18 . 1	22 . 4	15 . 5	19 . 3	15 . »
Bardouville	Delamarre	37 . 5	45 . 1	30 . 9	32 . 1	24 . 5
Baromesnil	Gaffet	23 . 2	33 . 7	28 . 4	25 . 8	. .
Berneval-le-Grand	Frechon	. .	. .	. .	. .	. .
Biville-la-Rivière	Lavaquery	. .	. .	. .	. .	. .
Boisguillaume	Hourdequin	16 . 8	16 . 5	21 . 15	12 . 65	17 . 05
Bosc-Edeline	Inne	20 . 6	30 . 9	15 . 5	19 . 3	11 . 6
— Mesnil	Hurpin	13 . 4	18 . 6	11 . 35	12 . 3	10 . 3
Bradiancourt	Rousselle	15 . 4	16 . 7	8 . 25	13 . 9	10 . 8
Campneuseville	Belval	31 . 1	39 . 2	27 . 2	30 . 4	21 . 6
Catelier (Le)	..	. .	. .	. .	. .	. .
Caudebec-lès-Elbeuf	..	. .	. .	. .	. .	. .
Contremoulins	Mortier	45 . 1	47 . 7	30 . 2	33 . 5	23 . 2
Crique (La)	Dance	24 . 9	25 . 8	19 . 3	14 . 2	13 . 4
Criquetot-s.-Ouville	Potel	32 . 25	33 . 5	28 . 4	27 . 1	23 . 2
Fesques	Morel	28 . 4	31 . 7	25 . 8	30 . 3	24 . 5
Folletière (La)	Gueroult	15 . 4	12 . 9	10 . 3	11 . 6	9 . »
Fresne-le-Plan	Bellart	19 . 7	24 . 3	8 . 8	16 . 3	9 . 4
Fréville	Duquesne	15 . 7	18 . »	8 . 95	10 . 6	5 . 7
Ganzeville	Dubuc	30 . 95	39 . 3	34 . 8	36 . 9	19 . 3
Gommerville	..	. .	. .	. .	. .	. .
Graincourt (Derchigny	Fossard	. .	. .	. .	. .	. .
Grand-Camp	Couette	6 . 25	12 . 5	11 . 25	13 . 75	5 . »
Grand-Couronne	Derloche.	20 . -	31 . 25	20 . »	26 . 25	23 . 75
Grigneuseville	Noël	17 . 8	22 . 2	17 . 8	19 . 6	15 . 4
Gueures	Moulin	26 . 1	31 . 7	20 . 6	28 . 3	20 . 4
Gueutteville	Lacaille	21 . 3	20 . »	16 . »	7 . 1	9 . »
Hanouard (Le)	Aubé.	28 . 4	35 . »	25 . 8	30 . 8	23 . 2
Héron (Le)	Dehonne	14 . 2	10 . 3	6 . 5	2 . 6	. .
Hugleville-en-Caux	Thomas	38 . 8	40 . »	36 . 2	6 . 6	20 . 6
Janval-lès-Dieppe	Ternon	26 . 8	29 . 1	25 . 3	21 . 9	26 . 2
Longueville	Roper	12 . 9	20 . 6	33 . 3	18 . 1	4 . 1

Petits champs. *VIII. — Expériences sur le blé (suite).*

LIEUX où sont situés les champs d'expériences	Expérimentateurs Messieurs	Production en hectolitres de grain, ramenée à l'hectare sur la parcelle				
		No 1 au fumier.	No 2 à l'engr. complet.	No 3 à l'engr. minéral.	No 4 à l'engr. azoté.	No 5 sans engrais
Louvetot	Sery	20 h. 6	23 h. 2	18 h. 1	16 h. 7	15 h. 4
Marques	Riquier	. .	. .	. .	. .	. .
Melleville	Hecquet	19 . 5	23 . 2	13 . 9	15 . »	10 . 2
Montivillers	Hauguel	25 . 8	30 . »	20 . 6	28 . 4	19 . 3
Neuville	Chevallier	27 . 1	27 . 1	23 . 5	21 . 7	16 . 8
Normanville	Mathe	23 . 7	29 . 6	18 . »	25 . 8	18 . »
Ouville-l'Abbaye	Sonday	19 . 3	14 . 7	10 . 8	13 . 8	9 . »
Penly	Giffard	. .	. .	. .	. .	. .
Petit-Couronne	Dupuis	19 . 3	25 . 8	15 . 6	22 . 4	15 . 4
Pierrecourt	Pollet	22 . 5	37 . 5	20 . »	30 . »	15 . »
Quincampoix	Poulain	10 . 3	18 . 1	5 . 15	15 . 4	7 . 7
Roncherolles-en-Bray	Demarcy	2 . 6	10 . 6	5 . 7	8 . .	2 . 1
St-Aubin-Epinay	Stackler	23 . 6	29 . 7	25 . 1	20 . 9	18 . 5
St Étienne-du-Rouvray	Yvelin	4 . 25	9 . 75	7 . 1	3 . 75	5 . 4
St-Germain-d'Etable	Pollet	21 . 9	23 . 2	21 . 9	21 . 9	19 . 35
St-Honoré	Brument	. .	. .	. .	. .	. .
St-Pierre-lès-Elbeuf	Renard	23 . 2	38 . 7	27 . 1	29 . 8	20 . 6
Ste-Croix-sur-Buchy	Pelletier	14 . 2	29 . 6	18 . 1	14 . 2	12 . 9
Saussay (La)	Suzanne	19 . 3	21 . 9	10 . 3	15 . 5	6 . 4
Sept-Meules	Marchand	. .	. .	. .	. .	. .
Sévis	Dubos	20 . 6	30 . 8	25 »	30 . 8	20 . 6
Sommery	Bidaut	16 . 25	23 . 35	19 . 2	27 . 7	17 . 1
Thiergeville	Masson	18 . 1	28 . 4	18 . 1	15 . 5	10 . 3
Torcy-le-Grand	Joly	. .	. .	. .	. .	. .
Tourville	Sautreuil	20 . 6	25 . 8	22 . 7	17 . 15	12 . 9
Toussaint	Médrinal	37 . 4	35 . 35	27 . 1	27 . 1	16 . 7
Triquerville	Prévost	16 . 1	23 . 2	16 . 75	20 . 05	13 . 5
Vieux-Rouen	Larcher	. .	. .	. .	. .	. .
Villequier	Langlois	. .	. .	. .	. .	. .
Villers-Ecalles	..	. .	. .	. .	. .	. .
Yville-sur-Seine	Couvreur	. .	. .	. .	. .	. .
Moyennes		21 . 45	26 . 46	19 . 34	19 . 98	15 . 04

OBSERVATIONS SUR LA PRODUCTION DU BLÉ.

Auffay. Le terrain choisi était depuis longtemps fort mal cultivé. Le blé semé avant l'hiver n'ayant pas levé, on laboura le champ et l'on y sema des pois gris Plus tard, on essaya de detruire ceux-ci par un labour, puis on procéda de nouveau à un semis de blé et de pois sur les parcelles qui leur étaient destinées ; mais les pois gris, n'ayant pas été complètement détruits, repoussèrent de rechef, et cette fois ils étouffèrent ceux du nouvel ensemencement. Ils ont fait aussi un grand tort au blé, surtout sur la parcelle nº 4 et probablement aussi sur la parcelle n° 3, malgré les sarclages exécutés.

Authieux (les)-sur-le-Port-Saint-Ouen. Le sol du champ d'expériences a été emprunté à une pièce de terre qui portait, il y a vingt ans, un bois-taillis. Depuis ce temps, il a été livré à la culture, mais jusqu'à présent il n'a donné que des résultats considérés comme négatifs par les cultivateurs du pays. Il appartient à la 5me classe du cadastre. Le blé semé le 4 mars a été couché par le vent le 17 juillet, 19 jours avant la moisson.

Bardouville. Le terrain livré pour la création du champ d'expériences était en si mauvais état qu'après l'avoir fait labourer deux fois, on a pu en retirer plus de 200 brouettées de chiendent. Le blé a été semé le 8 avril, un peu tardivement à cause de la légèreté du terrain. La végétation a toujours été plus active sur les parcelles 2 et 4, surtout sur le n° 2 qui a produit aussi un peu plus d'herbe.

Baromesnil. La parcelle sans engrais n'a pas été ensemencée en blé. Les autres parcelles ont reçu le grain le 17 novembre 1870. La végétation était bonne, mais le semis et après lui le tallage sont restés un peu clairs, surtout sur la parcelle nº 4, à l'engrais azoté.

Berneval-le-Grand. Le blé n'a pas réussi à cause des rigueurs de l'hiver. On l'avait semé tardivement, le 9 novembre 1879. Comptant sur une reprise de la végétation en avril, le directeur du champ n'a pas cru devoir remplacer celui d'automne par un blé du printemps, mais trompé dans ses espérances, il constate que la récolte a été nulle.

Biville-la-Rivière. Le blé semé sur une terre de mauvaise nature a bien réussi néanmoins avec les engrais chimiques. Malgré cela, les résultats de l'expérience n'ont pas été inscrits, parce que les produits des parcelles 1 et 5 ayant été enlevés dans un but hostile par une personne du voisinage, il devenait impossible de tirer des conclusions de quelque valeur.

Boisguillaume. Le blé semé le 22 avril a été abimé par l'orage du 17 juillet. Les anomalies de la production s'expliquent très bien par cet accident.

Bosc-Edeline. Le blé semé en novembre n'ayant pas levé ou l'ayant mal fait, on l'a remplacé le 1er avril par un nouveau semis. Les phénomènes de la végétation n'ont donné lieu à aucune remarque.

Bosc-Mesnil. Le blé a été semé le 2 avril, en remplacement de celui d'automne qui était manqué. La germination s'est bien faite, mais les jeunes plantes ont souffert du froid et de la sécheresse en mai, particulièrement sur la parcelle n° 4 ; malgré cela les pluies survenues en juin ont ranimé la végétation et lui ont redonné sa luxuriance, surtout sur les parcelles 2 et 4.

Bradiancourt. Le blé semé le 14 avril a mal levé sur toutes les parcelles. Celle sans engrais (n° 5) avait reçu le parc aux moutons à l'automne. Les villottes dressées sur la parcelle à l'engrais minéral et sur celle sans fumier ont été abimées par des vaches échappées d'un champ voisin.

Campneuseville. Le blé a été semé le 29 mars, en remplacement de celui d'automne détruit par l'hiver. La maturation s'est accomplie très rapidement sous l'influence des coups de soleil qui ont exercé une action nuisible, aussi doit-on constater, malgré l'abondance des récoltes, que le grain n'avait pas acquis son complet développement.

Catelier (Le). Le directeur du champ n'a fait aucune communication.

Caudebec-lès-Elbeuf. Celui de Caudebec a agi de même.

Contremoulins. Le blé a été semé du 31 mars au 3 avril. Grâces aux soins assidus du directeur de ce champ, la récolte a été très abondante, et cependant elle aurait dû être encore sepérieure, parce que le vent violent du 7 au 8 août a fait perdre un peu de blé sur toutes les parcelles, sauf sur celle à l'engrais complet, dont les plantes étaient un peu couchées. En outre, dans la nuit du 18 août, deux chevaux et un poulain ont abimé et mangé un quart (approximation) des épis sur les parcelles 4 et 5 qui n'étaient pas encore sciées.

Crique (La). On a remplacé le blé d'automne détruit par l'hiver par un semis opéré le 10 avril. Les plantes se sont développées avec plus de vigueur sur la parcelle n° 2 à l'engrais complet, mais elles y ont été couchées par les pluies, peu de temps après la floraison. Malgré cela, cette parcelle a donné une paille plus longue et un grain plus gros que ne l'ont fait les quatre autres.

Criquetot-sur-Ouville. La nature du sol est signalée comme étant mauvaise, comparativement aux travaux dont il a été l'objet, et les soins donnés, quoique pénibles, n'ont pas été, dit-on, suffisants. Malgré cela, les récoltes obtenues attestent un bon état de la terre et les soins dont elle a été l'objet. L'ensemencement a eu lieu le 1er avril.

Fesques. C'est le 29 mars que l'on a semé le blé qui a levé dans de bonnes conditions. L'orage du 9 au 10 juillet, en répandant de la grêle sur le champ d'expériences, a endommagé la récolte. On a négligé d'apprécier l'importance des dégâts. Les récoltes ont encore été bonnes.

Follelière (La). Le blé a été semé le 18 février, après la complète disparition des neiges, mais alors la terre était mal ressuyée. Les corneilles ont attaqué et dévoré une partie notable de la semence, lors de la germination.

On a constaté le 15 mai que le blé sur engrais minéral avait seul, et par exception, beaucoup souffert de la température froide de la première quinzaine de mai. La parcelle à l'engrais complet se distinguait alors par la vigueur de sa végétation.

Fresne-le-Plan. Le blé semé en novembre a été remplacé le 25 mars par une nouvelle semence. Lorsqu'on l'a livré à l'instituteur de la commune, le sol venait d'être affecté pendant deux ans à la production de l'avoine, sans avoir reçu aucun engrais ; il était dans un état déplorable et complètement épuisé.

Cette opinion émise par MM. Fayolle, Treherne et Lefebvre, commissaires délégués par la Société centrale pour opérer la vérification des résultats obtenus, est confirmée par la discussion de tous les faits observés dans chaque série de cultures, au moins en ce qui concerne la pauvreté du terrain en azote assimilable ; il ne contenait d'ailleurs que les quatre dixièmes des éléments minéraux nécessaires pour produire les abondantes récoltes qu'on lui réclamait dans ses couches supérieures ; il en exigeait une dose entière dans ses couches profondes. (V. plus loin tableau n° XIV.)

Fréville. Semé le 21 novembre 1879, le blé a supporté nécessairement les rigueurs d'une saison qui a dû fatalement être défavorable à sa germination. Malgré cela, il a levé en partie et a été conservé au printemps sans que l'on complétât ses vides par l'apport d'une nouvelle semence. Cette culture succédait à deux années de froment. S'il est vrai que le blé peut toujours se succéder à lui-même, l'on doit reconnaître qu'il y succédait là dans de mauvaises conditions, et l'on peut comprendre, dans une certaine mesure, la faiblesse des rendements signalés.

Ganzeville. La germination et la végétation du blé qui avait été semé avant l'hiver, — le 17 novembre, — n'ont donné lieu à aucune remarque. Les chiffres de la production attestent les bons soins donnés à la terre et le bon état de fertilité de celle-ci. La discussion des résultats obtenus conduit à des déductions intéressantes sur la composition de la terre, ainsi qu'on pourra s'en assurer si l'on se donne la peine d'étudier les chiffres exprimant la richesse et les exigences du sol, consignés dans le tableau n° XIV.

Gommerville. Ce champ a été abandonné quoi que l'on ait demandé l'envoi des semences et des engrais qui ont été fournis par la Société centrale. Il n'a donné aucun résultat.

Graincourt-Derchigny. Le sol du champ d'expériences est signalé comme étant épuisé depuis longtemps. Il est dans de mauvaises conditions d'exploitation et il est assez humide, surtout vers le Sud, dans ses parties les plus déclives, pour que l'eau ait pu séjourner à la surface pendant une partie de la saison, dans les parcelles n°s 4 et 5. Le blé semé en novembre et renouvelé en avril ayant complètement manqué, l'on a dû le renfouir. A la suite de cette opération, le chiendent s'est développé en abondance avec d'autres herbes dont quelques-unes attestent par leur présence la constance de l'humidité.

Grand-Camp. Le blé semé le 15 novembre 1879 a été conservé au printemps. Les cultures ont été faites par une personne qui a soigné particulièrement les parcelles au fumier. Malgré cela, les récoltes ont été faibles et ne méritent en aucune façon de fixer l'attention.

Grand-Couronne. Le blé d'automne n'ayant pas levé, on l'a remplacé par du blé du printemps. La sécheresse du mois de mai a fait un peu souffrir les plantes qui sont restées malingres. La parcelle n° 5 ayant produit plus de grain que les parcelles n°s 1 et 5, nous en avons recherché la cause : elle est due à la qualité variable du terrain qui est meilleure d'un bout que de l'autre. L'orage du 17 juillet, accompagné de grêle, a couché les récoltes ; les tiges se sont ensuite un peu relevées, mais le grain a souffert.

Grigneuseville. On a fait les semailles le 12 avril sur le blé d'automne qui était manqué. Les plantes étant encore vertes au moment des fortes chaleurs, elles se sont trouvées échaudées par les radiations solaires. Il en est résulté un grain maigre.

Gueures. Le blé cultivé provenait d'un ensemencement opéré le 5 avril pour remplacer celui qui avait été confié à la terre en novembre et qui n'avait pas levé. Il a versé sur la parcelle à l'engrais azoté qui l'a donné abondant, mais de qualité inférieure.

Gueutteville. Le blé a été semé le 6 avril sur un grain d'automne qui n'avait pas prospéré. Le terrain choisi est meilleur dans plusieurs de ses parties que dans les autres. Cela explique les anomalies que l'on a observées dans l'importance des résultats obtenus, et permet de concevoir comment il se fait que la parcelle à l'engrais azoté a donné moins de grain que les quatre autres. Elle a donné aussi moins de paille.

Hanouard (Le). Semé le 30 mars, le blé a donné des produits convenablement répartis et dont la distribution sur les différentes parcelles permet de constater que le sol du champ d'expériences exigeait de fortes proportions de matières azotées pour devenir fécond. (V. tableau n° XIV.)

Héron (Le). Les lapins et les chevreuils ont dévoré toute la récolte sur la parcelle n° 5, peu de temps avant l'époque de la moisson. Ils ont en outre fortement endommagé les parcelles 3 et 4. Enfin ils ont dévoré beaucoup d'épis sur toutes les parcelles, lorsqu'après le sciage l'on avait réuni tous les produits en villottes.

Janval-les-Dieppe. Le blé a été semé avant l'hiver, le 22 novembre 1879. Le rendement de la parcelle n° 4 est trop faible par suite de cette circonstance que beaucoup de piétons traversent le champ en diagonale et passent au travers de cette parcelle, dans le but de s'épargner du chemin. Ce champ est situé à l'intersection de la voie de grande communication de Dieppe à Saint-Aubin-sur-Scie avec la route nationale du Havre à Lille.

Longueville. Le blé cultivé ici était celui semé au printemps en remplacement des grains répandus avant l'hiver. Le champ d'expériences est constitué par un sol de quatrième classe, passablement inégal dans sa constitution, car toutes les parcelles à l'engrais minéral, dans les diverses séries d'essais, ont toutes donné, plus que les autres, des récoltes abondantes. Quoi qu'il en soit, ce champ est situé loin de l'école et des habitations, au bord des bois et entouré de buissons dans lesquels se logent de nombreux oiseaux qui l'ont dévasté en partie. Il avait porté des carottes l'année précédente. Il est permis de se demander s'il n'y a pas eu d'erreur dans l'attribution des engrais et si les engrais complets n'ont pas été distribués sur les parcelles n° 3 au lieu de l'être sur les parcelles n° 2?

Louvetot. Blé du printemps semé le 29 mars en remplacement de celui d'automne qui était manqué. La faiblesse générale des rendements de toutes les cultures s'explique par cette circonstance que le terrain n'avait pas été remué depuis quatre ans au moins, et qu'il n'avait pas reçu d'engrais depuis plus de quinze ans. Pour arriver à le mettre en état de culture, on a dû l'attaquer avec la pioche.

Marques. Le blé semé seulement le 18 mai, par conséquent beaucoup trop tard, n'a pas mûri. Les grains, très abondants, sont restés maigres et petits, mais la paille était très longue.

Melleville. Le blé a été semé le 31 mars; par sa végétation, il n'a donné lieu à aucune remarque.

Montivilliers. La floraison du blé qui avait été semé le 9 avril, s'est accomplie par un temps pluvieux, chaud et orageux, entrecoupé de jours clairs. Elle a duré jusqu'au 10 juillet. Le charbon, *ustilago segetum*, a envahi les épis, pour au moins un dixième.

Neuville. L'ensemencement a été fait du 25 au 27 mars sur un sol de très mauvaise nature.

Normanville. Le blé a été semé le 5 avril. Il a versé sur la parcelle à l'engrais complet.

Ouville-l'Abbaye. On a procédé à un nouveau semis le 27 mars pour remplacer le blé d'automne dont la germination était compromise. Cette récolte qui avait une très belle apparence en herbe jusqu'au moment de l'épiage (fin juin) a été atteinte par la rouille qui lui a porté un grand préjudice. Son grain a mal mûri ; il est de très mauvaise qualité, maigre et léger Au lieu d'employer un tiers de mètre cube de fumier sur la parcelle n° 1, comme le portaient les instructions, on y en a mis un demi-mètre cube ! Cela explique la supériorité du rendement constaté sur cette parcelle. On assure q.e la terre assujettie aux expériences n'est jamais fertile en blé ?

Penly. La récolte a été à peu près nulle et n'a pas été pesée. (V. plus loin observ. sur la production des pois)

Petit-Couronne. Le blé a été semé le 31 mars sur blé d'automne manqué. L'orage du 17 juillet a fait beaucoup de mal à la récolte.

Pierrecourt. Blé fait le 5 mars. Avant sa mise en culture, le sol n'avait été l'objet d'aucuns soins depuis trois ans ; il était dans un pitoyable état. Après un premier labour, on a dû encore le travailler à la bêche pour mieux l'ameublir, mais l'accomplissement de ce labeur n'a pu être fait que sur quelques parcelles seulement.

Quincampoix. On fait remarquer que le blé, semé le 26 mars, a été fait sur une avoinerie succédant au blé. La terre était sale, pleine de chiendent, et n'a pu être convenablement nettoyée avant sa mise en activité de production. En outre, on assure que le blé du printemps ne réussit pas dans la contrée : fait tardivement, il ne talle pas.

Roncherolles-en-Bray. Le blé a été semé le 2 avril dans une terre trop légère ; il a souffert de la sécheresse, a eu un mauvais épiage et a donné une mauvaise récolte.

Saint-Aubin-Epinay. Semé le 30 mars, le blé a bien levé sur toutes les parcelles, mais il était plus dru sur celles à l'engrais complet et à l'engrais azoté, où il paraissait moins souffrir de la sécheresse. La composition du sol n'est pas homogène.

Saint-Étienne-du-Rouvray. On a cultivé un blé semé le 15 novembre 1879. Fait tardivement, il n'a levé qu'après l'hiver et n'a donné qu'une récolte extrêmement faible en paille et en grains. Les ravages exercés par la grêle du 17 juillet expliquent les anomalies de la production sur les parcelles 1 et 5 comparée au rendement de la parcelle n° 5.

Saint-Germain-d'Etables. Le blé a été semé le 11 avril. Ombragé par un grand rideau d'arbres contigu à la parcelle consacrée aux pois, il a souffert de l'humidité au moment de l'épiage. Les parcelles 2 et 3 portaient des tiges plus longues et plus vigoureuses qui ont donné un grain mieux nourri. Les pluies du mois de juin et de juillet ont exercé une action nuisible.

Saint-Honoré. Les renseignements n'ont pas été fournis.

Saint-Pierre-lès-Elbeuf. Le blé, semence d'automne, n'a été mis en terre que le 16 février, dans de mauvaises conditions et sur un sol mal préparé. Le terrain n'avait pas reçu d'engrais depuis plusieurs années, Malgré cela la récolte a été abondante. Ici la prépondérance de l'engrais complet s'est assurée de la façon la plus remarquable.

Sainte-Croix-sur-Buchy. On a fait le blé le 7 avril. Les résultats obtenus sont sans intérêt, la parcelle n° 1 étant placée sous un pommier ; son fauchage était d'exécution difficile : les plantes s'arrachaient sous la faulx.

Saussay (Le). Le 26 mars, au moment de l'ensemencement, le sol était convenablement humide pour assurer la germination, mais il n'avait pas reçu de suffisants labours préparatoires. La récolte a été médiocre.

Sept-Meules. Le champ d'expériences situé auprès des habitations a été ravagé par les poules et n'a donné aucun résultat.

Sévis. On a complété, par un semis opéré le 3 avril, l'ensemencement exécuté le 24 novembre 1879. Les poules ont endommagé la première parcelle.

Sommery. Le blé a été semé le 25 mars. Le sol est d'inégale composition, car la parcelle à l'engrais chimique complet est traversée par une veine glaiseuse sur laquelle la plante s'est mal développée.

Thiergeville. L'ensemencement date du 1er avril. Le blé succédait à l'avoine ; il a mal réussi, comme toutes les plantes semées dans le champ d'expériences. Il n'a pas versé et n'a pas été atteint par la rouille. Ce champ n'a pas été surveillé ; il était situé à 1,400 mètres de l'école.

Torcy-le-Grand. L'on a remplacé le blé par de l'orge qui a été semée le 26 avril.

Tourville. Le blé a été semé le 29 mars. L'inégale levée des plantes sur toutes les parcelles et dans toutes les séries, par suite de la sécheresse, et l'influence fatale exercée par les pluies d'orages sur un sol un peu creusé en forme de cuve, paraissent avoir été les causes efficientes de toutes les anomalies de la production, ainsi que de la pauvreté générale des récoltes obtenues.

Toussaint. Le blé a été semé le 27 mars. Les cultures faites avec soin n'ont donné lieu à aucune remarque. L'on assure que le fumier employé était de qualité ordinaire, et qu'il n'a été donné qu'à la dose voulue : un tiers de mètre cube par parcelle. Malgré cela, la discussion des résultats obtenus conduit à penser ou que cet engrais était de qualité supérieure, ou bien qu'à l'insu du directeur du champ d'expériences, il a été employé à dose plus forte que celle recommandée. (V. plus loin, tableau n° XIV.)

Triquerville. Le blé semé à l'automne ayant manqué, on l'a remplacé le 10 avril par un nouvel apport de grain. Les cinq parcelles sont situées à l'abri de grands arbres qui ne leur laissent arriver la lumière directe du soleil que le soir. De là l'affaiblissement de la récolte en grains. En outre, l'ensemencement a été fait tardivement dans un terrain aride et de troisième classe.

Vieux-Rouen. Les produits en blé, pois et carottes ont été à peu près nuls et ne valaient pas la peine d'être mentionnés. Seule la récolte de pommes de terre promettait d'être satisfaisante, mais ses produits ont été dévalisés en grande partie. Les causes auxquelles il faut attribuer les résultats négatifs des expériences faites sur les trois premières séries sont les suivantes : nature défectueuse et pauvreté du sol par lui-même ; — ensemencements faits dans de mauvaises conditions ; — phénomènes climatériques défavorables à la végétation ; — et pour le blé, préjudice causé par les oiseaux.

Villequier. Les expériences sur le blé n'ont pas été faites. Le terrain cependant ne convient, dit-on, qu'au blé et aux pois : la pluie le détrempe en boue que la sécheresse durcit comme de la pierre.

Villers-Ecalles. Le directeur du champ d'expériences n'a produit aucun renseignement.

Yville-sur-Seine. Le blé n'ayant pu être semé en temps convenable, a été remplacé par de l'orge.

Petits champs. *IV. — Expériences sur les pois.*

LIEUX où sont situés les champs d'expériences	Production en hectolitres de grain, ramenée à l'hectare sur la parcelle				
	No 1 au fumier.	No 2 à l'engrais complet	No 3 à l'engrais minéral.	No 4 à l'engrais azoté.	No 5 sans engrais
	h.	h.	h.	h.	h.
Auffay					
Authieux (Les)	17 . 75	21 . 25	19 . 1	16 . 2	21 . 25
Bardouville	16 . 4	17 . 5	7 . 65	8 . 75	6 . 6
Baromesnil	17 . 9	13 . 3	13 . 8	8 . 5	
Berneval	16 . »	15 . .	15 . 6	15 . 6	11 . 7
Biville-la-Rivière					
Boisguillaume					
Bosc-Edeline	35 . »	40 . »	32 . 5	25 . »	22 . 5
— Mesnil	13 . 65	18 . 2	10 . 25	12 . 5	9 . 1
Bradiancourt	10 . »	10 . »	8 . 75	11 . 25	6 . 9
Campneuseville	29 . 25	30 . 5	23 . 5	25 . 5	22 . 75
Catelier (Le)					
Caudebec-lès-Elbeuf					
Contremoulins	36 . 25	37 . 5	32 . 5	38 . 75	37 . 5
Crique (La)	12 . 5	19 . 5	18 . 25	11 . 5	8 . 25
Criquetot-sur-Ouville	18 . 75	17 . 5	13 . 75	13 . 75	12 . 5
Fesques	27 . 5	24 . 4	20 . 75	21 . 25	18 . 75
Folletière (La)	15 . 6	15 . 6	14 . 4	16 . 9	13 . 2
Fresne-le-Plan	17 . 25	20 . 3	9 . 75	11 . 5	8 . »
Fréville	19 . 4	19 . 75	13 . 25	16 . 4	10 . 4
Ganzeville	31 . 25	23 . 75	20 . »	15 . »	12 . 5
Gommerville					
Graincourt	15 . »	16 . 5	15 . »	16 . 25	16 . »
Grand-Camp					
Grand-Couronne	38 . 75	28 . 75	26 . 25	21 . 25	18 . 75
Grigneuseville	25 . »	30 . »	25 . »	25 . »	20 . »
Gueures	27 . »	22 . 5	20 . 75	18 . 75	23 . 75
Gueutteville	12 . 50	12 . 5	10 . »	6 . 25	2 . 6
Hanouard (Le)	5 . »	5 . 0	2 . 5	3 . 75	2 . »
Héron (Le)					
Hugleville-en-Caux	23 . 75	20 . 5	20 . »	17 . 5	15 . »
Janval-lès-Dieppe	46 . 10	50 . 1	47 . »	48 . 9	49 . 8
Lougueville	3 . 60	5 . »	8 . »	5 . »	0 . 87

Petits champs. *IX. — Expériences sur les pois. (suite).*

LIEUX où sont situés les champs d'expériences	Production en hectolitres de grain, ramenée à l'hectare sur la parcelle				
	No 1 au fumier.	No 2 à l'engrais complet	No 3 à l'engrais minéral.	No 4 à l'engrais azoté.	No 5 sans engrais.
	h.	h.	h.	h.	h.
Louvetot	14 . 45	7 . 7	12 . »	8 . 1	11 . 8
Marques	. .	. .	. .	. .	. .
Melleville	22 . 5	22 . 75	21 . 25	18 . 75	18 . 1
Montivilliers	. .	. .	. .	. .	. .
Neuville	. .	. .	. .	. .	. .
Normanville	23 . 75	22 . 5	21 . 25	17 . 5	16 . 25
Ouville-l'Abbaye	32 . »	20 . »	15 . 5	18 . »	20 . »
Penly	5 . »	10 . »	5 . »	7 . 5	2 . 5
Petit-Couronne	6 . »	6 . 25	7 . 5	2 . 5	3 . 75
Pierrecourt	36 . 1	31 . 25	26 . 6	30 . 4	20 . »
Quincampoix	17 . 5	12 . 5	12 . 5	6 . 25	10 . »
Roncherolles	17 . »	34 . »	23 . 25	31 . 9	21 . 5
St-Aubin-Epinay	18 . 25	13 . »	15 . 75	11 . »	11 . 25
St-Etienne-du-Rouvray	21 . 9	16 . 4	17 . 5	24 . »	13 . 1
St-Germain-d'Écalles	20 . »	25 . »	22 . 5	20 . »	18 . 75
St-Honoré	. .	. .	. .	. .	. .
St-Pierre-lès-Elbeuf	33 . 75	36 . 9	33 . 1	32 . 5	29 . 4
Ste-Croix-sur-Buchy	28 . 25	31 . 25	29 . 5	25 . 75	26 . 25
Saussay (Le)	18 . 75	18 . 75	17 . 5	20 . »	20 . »
Sept-Meules	. .	. .	. .	. .	. .
Sévis	15 . »	20 . »	17 . 5	22 . 5	16 . 25
Sommery	8 . 7	4 . 9	6 . 2	4 . 3	4 . 95
Thiergeville	12 . 5	7 . 5	7 . 5	2 . 5	2 . 5
Torcy le-Grand	1[illegible] . 5	21 . 1	14 . 9	16 . 5	6 . 12
Tourville	14 . 45	5 . 2	10 . 6	10 . 9	11 . 8
Toussaint	45 . 75	40 . »	30 . 9	20 . 75	30 . »
Triquerville	33 . 75	36 . 25	35 . »	36 . 25	32 . 5
Vieux-Rouen	. .	. .	. .	. .	. .
Villequier	30 . »	33 . »	24 . »	10 . »	18 . »
Villers-Ecalles	. .	. .	. .	. .	. .
Yville-sur-Seine	15 . »	21 . 25	25 . »	31 . 25	13 . 75
Moyennes	21 . 08	. 08	18 . 38	17 . 73	15 . 6

OBSERVATIONS SUR LA PRODUCTION DES POIS.

Auffay. (V. les observations sur la production du blé dans cette localité.)

Authieux (Les). (V. les observations sur la production du blé.)

Bardouville. Les pois semés le 8 avril l'ont été un mois trop tard, vu la légèreté du terrain. Les plantations étaient mélangées d'herbes nuisibles, dont il était difficile de se débarrasser parce que l'on arrachait avec elles les plantes cultivées lorsque l'on essayait de les sarcler.

Baromesnil. Les pois ont été semés le 30 avril sur les quatre premières parcelles. Celle sans fumier n'a pas été cultivée. Les pluies torrentielles tombées en juillet, et les vents violents, ont fort maltraité les plantes, surtout sur la parcelle à l'engrais complet et sur celle à l'engrais azoté, où elles étaient plus fortes au moment de la formation du grain.

Berneval. Semés le 4 mai, les pois ont poussé avec la plus grande vigueur sur la parcelle n° 2, mais peut-être un peu trop pour fournir beaucoup de grain. Les autres parcelles, excepté le n° 5, ont poussé encore assez vigoureusement pour que leurs fanes se soient couchées et en partie détériorées. Le n° 5 s'est mieux tenu.

Biville-la-Rivière. On annonce avoir obtenu 27 litres de grain sur la parcelle à l'engrais complet, tandis que sur les autres parcelles il n'y en aurait eu de produits que 8 litres sur n° 5, 12 litres sur n° 1 et 15 litres sur n° 4. On signale le terrain comme étant d'une nature telle qu'il fut impossible de le labourer; ce fut avec la bêche que l'on parvint à arracher les cailloux pour y introduire la semence. On remarquera que le chiffre de 27 litres pour un demi-are correspond à une production de 54 hectolitres par hectare; on voit dans quel terrain?

Boisguillaume. Les pois qui avaient été semés le 5 mai ont donné lieu à une végétation que la grêle du 19 juillet a à peu près anéantie. Il a été impossible d'apprécier le chiffre de la production.

Bosc-Edeline. Semés les 4 et 5 mai, les pois ont bien réussi.

Bosc-Mesnil. L'ensemencement a été fait les 29 et 30 avril dans un terrain très sec, mais au moment de la levée, après les pluies de juin, il n'y en a eu qu'une partie qui ait donné lieu au développement des gousses; le surplus était pourri.

Bradiancourt. La plantation a été faite le 29 avril. La germination a été parfaite malgré la sécheresse. La végétation était très belle et promettait une abondante moisson lorsqu'elle s'est trouvée paralysée dans sa marche régulière par une chûte de grêle qui, le 30 juin, a couché et haché les plantes.

En outre, la récolte s'est faite dans de mauvaises conditions sous l'influence des grandes pluies qui ont égrené les gousses.

Campneuseville. Les pois ont été semés le 4 mai. Les grains récoltés sont petits. Leur maturité s'est trouvée arrêtée par les coups de soleil.

Catelier (Le). Pas de renseignements.

Caudebec-lès-Elbeuf. Pas de renseignements.

Contremoulins. On a semé les pois le 2 mai. Au moment de leur germination, ils ont été attaqués sur les trois premières parcelles par les corneilles. Ils ne l'ont pas été sur les deux dernières qui ont donné des produits plus abondants.

Crique (La). Les pois ont été semés les 14 et 15 avril. Les chiffres de la récolte ne sont qu'approximatifs, une certaine quantité de cosses pleines ayant été cueillies par les passants. En outre, des animaux de l'espèce bovine ont ravagé les récoltes déposées sur le sol pour la fenaison. D'ailleurs, les plantes ont versé de bonne heure et le grain obtenu est un peu véreux.

Criquetot-sur-Ouville. Le semis a été fait les 3 et 4 mai. Environ un tiers de la surface des parcelles 3, 4 et 5 était en friche depuis la récolte du froment. Le rendement en grain y est un peu affaibli.

Fesques. La germination des pois qui avaient été semés le 3 mai s'est trouvée entravée par la sécheresse et la levée s'est accomplie en plusieurs fois. Cela a contribué à abaisser d'une façon marquée les chiffres du rendement.

Folletière (La). La sécheresse persistante du mois de mai a retardé la germination qui ne s'est accomplie qu'en juin, après les premières pluies. La levée s'est faite inégalement et les corneilles ont causé des dégâts considérables en arrachant les grains germés. L'ensemencement a été opéré le 4 mai.

Fresne-le-Plan. C'est le 7 mai que l'on a fait le semis. (V. les observations relatives à la production du blé.)

Fréville. Semés le 6 mai, les pois, au dire du directeur du champ d'expériences, ont été confiés à la terre au moins quinze jours trop tard

Ganzeville. Le semis a été opéré le 4 mai. La sécheresse du printemps a été préjudiciable à celui fait sur les quatre dernières parcelles, tandis que les pois attribués à la première ont germé avec plus de facilité, grâces à l'humidité contenue dans le fumier à l'action duquel ils se trouvaient soumis.

Gommerville. Champ resté sans culture.

Graincourt. On a semé les pois le 29 avril dans un terrain naturellement mouillé, et dont l'humidité augmentée plus tard par les pluies a été défavorable à la végétation. Un tiers du grain récolté était véreux.

Grand-Camp. Semés le 1er mai, les pois n'ont donné qu'une récolte insignifiante.

Grand-Couronne. Les plantes ont été abîmées par les grandes pluies. Elles provenaient d'un semis opéré le 2 mai. Un tiers du grain récolté était véreux.

Grigneuseville. La constance des chiffres de la récolte sur les parcelles 1, 5 et 4 doit être signalée. Elle est d'autant plus singulière qu'une situation analogue se retrouve dans les rendements attribués aux pommes de terre, L'ensemencement des pois a été fait le 29 avril.

Gueures. Les vers ont attaqué les pois, principalement sur les parcelles 5 et 4. La plantation avait été faite le 6 avril.

Gueutteville. V. les observations sur la production du blé

Hanouard (Le). Selon le directeur du champ d'expériences, la récolte a manqué faute de semence. Il est probable que la sécheresse, en retardant la germination, et plus tard les pluies abondantes de l'été, en couchant les plantes, ont nui à la formation du grain et compromis le développement de la récolte.

Héron (Le). Les lapins et les sangliers ont, à diverses reprises, attaqué les cultures et, finalement, ils ont dévoré tout le grain, lorsque la récolte fauchée était exposée en villottes sur les diverses parcelles.

Hugleville-en-Caux. Les pois semés le 5 mai ont mal levé à cause de la sécheresse, et les oiseaux en ont détruit une très grande quantité.

Janval-lès-Dieppe. Les pois ont été semés le 14 mai. Malgré cela, ils ont donné lieu à une récolte très abondante.

Louvetot. La germination des pois qui avaient été semés le 4 mai s'est accomplie avec moins de convenance sur les parcelles 2 et 4. Quoique sarclées comme les trois autres, ces deux parcelles ont bientôt été envahies par les mauvaises herbes, par l'oseille surtout, qui a pris le dessus des plantes cultivées. Enfin celles-ci ont été couchées, particulièrement sur ces deux parcelles. Les fanes du n° 2 étaient pourries en dessous. Sur la parcelle n° 5, les plantes n'ont pas versé : de là résulte son rendement supérieur à celui des parcelles 2, 3 et 4. La parcelle n° 5 était la plus propre.

Marques. Les pois ont donné une récolte presque nulle, parce qu'ayant été peu recouverts au moment de l'ensemencement, ils ont été ramassés en grande quantité par les oiseaux. Ils ont été d'ailleurs semés trop tard, — le 18 mai.

Melleville. Les pois ont été semés le 3 avril.

Montivilliers. Les premiers ensemencements ayant manqué, on en a fait de nouveaux le 19 juin, qui ont donné lieu à une bonne végétation; mais celle-ci a produit peu de fleurs et, par suite, peu de grain. Enfin, les pluies tombées en octobre ont beaucoup contribué à rendre la récolte mauvaise.

Neuville. Les tiges se sont desséchées avant la maturité du grain.

Normanville. On a semé les pois le 30 avril. La grêle tombée à la suite d'un orage survenu en juillet, a fait un tort sensible à la récolte.

Ouville-l'Abbaye. Assez bonne récolte qui, ayant été coupée huit jours trop tard, s'est trouvée un peu avariée. L'ensemencement avait été fait en plusieurs fois, du 7 au 12 mai. Comme pour le blé, la parcelle no 1 a reçu un demi-mètre cube de fumier de qualité supérieure au lieu d'un tiers de [illegible] e cube de qualité ordinaire, dont l'emploi était recommandé.

Penly. Toutes les récoltes obtenues dans ce champ ont été exceptionnellement faibles. A quoi cela peut-il être dû? Il n'a pas été fait de réponse satisfaisante à cette question! Est-ce à la nature sablonneuse du sol? Les pluies en s'infiltrant rapidement peuvent avoir entraîné avec elles une partie relativement considérable des agents de fertilisation?

Petit-Couronne. Les pois ont été semés le 1er mai, deux mois au moins trop tard, en raison de la nature du sol, selon le directeur du champ. L'orage du 17 juillet a compromis cette récolte dans laquelle le grain était taché et sans valeur.

Pierrecourt. Les pois ont été semés le 1er mai. (V. les observations sur la production du blé.)

Quincampoix. Semés le 11 mai, les pois ont été mangés par les oiseaux au moment de la levée, surtout dans les parcelles 3 et 4. La parcelle n° 1 située au bord du chemin, mieux préservée, à cause de la présence souvent renouvelée des passants, contre les déprédations des hôtes ailés, a donné un meilleur rendement.

Roncherolles-en-Bray. Les pois ont été semés les 21 et 22 avril.

Saint-Aubin-Epinay. L'ensemencement a eu lieu le 3 mai. Les plantes ont fort mal et très inégalement levé, à cause de la grande sécheresse. Les résultats obtenus ne peuvent servir pour asseoir des conclusions utiles, de l'avis même du directeur du champ.

Saint-Etienne-du-Rouvray. Les grandes pluies de juin ont été préjudiciables à cette culture. L'ensemencement avait été pratiqué le 8 mai.

Saint-Germain-d'Etables. On a semé les pois le 26 avril. Les fanes sont venues très longues, surtout sur les parcelles 2 et 3, où elles étaient remarquables par le feu et la vigueur de la végétation. Couchées par les pluies au moment de la floraison, elles n'ont pas donné lieu à une récolte aussi abondante que l'on avait pu l'espérer jusque-là.

Saint-Honoré. Pas de renseignements.

Saint-Pierre-lès-Elbeuf. Les pois ont été semés le 31 mars. Ils ont donné d'abondantes récoltes, mais les pois obtenus étaient remplis d'insectes.

Sainte-Croix-sur-Buchy. Les pois ont beaucoup souffert de la sécheresse. Ils avaient été plantés le 24 avril.

Saussay (Le). L'ensemencement date du 5 mai. La parcelle n° 1 a été ravagée par les corneilles quelques jours après l'ensemencement. Malgré cela, les plantes y ont toujours accusé plus de vigueur que sur les autres parcelles, et tout porte à croire que sans les ravages signalés la récolte aurait été plus abondante

Sept-Meules. Le champ d'expériences dévasté par des animaux n'a donné aucun résultat.

Sévis. L'ensemencement a été fait le 8 avril. Les faibles rendements obtenus doivent être dus aux causes déjà signalées tant de fois dans les autres champs ? Le questionnaire est muet à cet égard.

Sommery. Les pois ont été mis en terre le 8 mai. Les semis ont été ravagés par les corneilles au moment de la germination qui s'est accomplie tardivement à cause de la sécheresse, cinq semaines environ après la plantation.

Thiergeville. Quoique semés le 5 mai, les pois n'ont levé que dans les premiers jours de juin. L'impossibilité dans laquelle on s'est trouvé d'opérer la surveillance du champ, permet de craindre que ses produits n'aient été pillés. (V. les observations sur la production du blé).

Torcy-le-Grand. Les pois ont été semés le 24 avril.

Tourville. Ensemencement fait le 4 mai. (V. les observations sur la production du blé.)

Toussaint. C'est le 1er mai que l'on a semé les pois. (V. les observations sur la production du blé.)

Triquerville. Les pois ont été semés du 1er au 4 mai. La sécheresse a paralysé la levée du grain, dont la germination s'est accomplie en plusieurs temps, ce qui a produit un mauvais effet.

Vieux-Rouen. V. les observations sur la production du blé.

Villequier. Ensemencement fait les 4 et 5 mai (V. les observations sur la production du blé.)

Villers Ecalles. Pas de renseignements.

Yville sur-Seine. L'ensemencement a été fait le 1er mai. Les parcelles 1 et 2 ont été ravagées par les taupes.

Petits champs. *X. — Expériences sur les pommes de terre*

LOCALITÉS où sont situés les champs d'expériences	Production en kilogrammes de tubercules, ramenée à l'hectare sur la parcelle				
	No 1 au fumier	No 2 à l'engrais complet.	No 3 à l'engrais minéral	No 4 à l'engrais azoté.	No 5 sans engrais
Anffay	10.200	17.860	14.600	9.900	9.000
Autbieux (Les)	27.600	38 000	23.800	28.000	18.000
Bardouville	27.500	30.000	35 000	27.650	21.000
Baromesnil	10.000	15.000	11.000	12.600	. .
Berneval	11.600	15.600	12.000	14.000	12.500
Biville-la-Rivière	. .	. .	. .	. .	. .
Boisguillaume	1.240	1.220	4.100	1.000	1.080
Bosc-Edeline	15.600	22.000	9.200	8.000	7.000
— Mesnil	11.200	17.500	8.400	11.900	8.600
Bradiancourt	10.010	9.295	6.000	4.000	3.600
Campneuseville	30.440	35.680	28.900	32.680	27.200
Catelier (Le)	. .	. .	. .	. .	. .
Caudebec-lès-Elbeuf	. .	. .	. .	. .	. .
Coutremoulins	24.200	27.000	20.800	18.000	16.800
Crique (La)	11.600	13.400	7.600	2.400	2.000
Criquetot-sur-Ouville	28.400	24.800	23.200	24.200	22.800
Fesques	16.900	23.700	20.400	21.400	15.600
Folletière (La)	17.350	19.200	14.900	11.000	8.600
Fresne-le-Plan	18.440	28.240	14.230	19.880	14.020
Fréville	9.400	19.600	13.400	11.600	7.600
Ganzeville	24.800	27.200	26.800	25.600	24.400
Gommerville	. .	. .	. .	. .	. .
Graincourt	18.000	14.400	10.000	7.200	9.600
Grandcamp	24.700	17 400	15.300	17.800	13.900
Grand-Couronne	16 400	25.200	22.000	25.200	18.000
Grigneuseville	10.000	24.000	16.000	20.000	16.000
Gueures	8.600	12.700	6.400	10.200	6.500
Gueutteville	13.200	11.000	7.200	4.400	. .
Hanouard (Le)	19.800	24.600	16.600	17.100	11.800
Héron (Le)	10.600	16.400	12.200	10.000	6 200
Hugleville-en-Caux	17.500	21.000	17.700	14.000	10.500
Janval	31 280	31.650	30.760	29.900	30.800
Longueville	4.400	5.800	9.200	6.200	1 100

Petits champs. X. — *Expériences sur les pommes de terre (suite.)*

LOCALITÉS où sont situés les champs d'expériences	Production en kilogrammes de tubercules, ramenée à l'hectare sur la parcelle				
	No 1 au fumier	No 2 à l'engrais complet	No 3 à l'engrais minéral	No 4 à l'engrais azoté	No 5 sans engrais
Louvetot	14.500	18.700	17.600	17.400	16.800
Marques	13.500	14.200	15.000	7.600	8.000
Melleville	15.000	11.600	9.500	9.700	8.800
Montivilliers	23.700	19.400	16.000	23.200	19.200
Neuville	8.400	9.400	6.000	6.000	4.600
Normanville	12.000	17.400	10.000	16.400	9.600
Ouville-l'Abbaye	17.600	16.000	10.800	10.200	6.000
Penly	8.400	13.000	8.400	11.000	7.000
Petit-Couronne	20.820	29.100	21 180	24.100	17.490
Pierrecourt	21.000	16.000	12.000	14.400	7.400
Quincampoix	6.000	6.200	2.000	7.000	4.400
Roncherolles	14.430	19 900	13.650	22.240	11.540
St-Aubin-Epinay	21.700	24.980	21.260	21.400	20.200
St-Etienne-du-Rouvray	19.800	28.200	24.800	23.200	22.200
St-Germain d'Etables	15.000	16.800	16.000	14.000	12.800
St Honoré	. .	. .	. .	. .	. .
St-Pierre-lès-Elbeuf	19.400	26.400	20.600	18.400	14.800
Ste-Croix sur-Buchy	17.000	18.100	15.000	11.000	12.300
Saussay (Le)	10.800	14.400	9.400	10 800	9.000
Sept-Meules	. .	. .	. .	. .	. .
Sévis	14.400	15.000	14.600	15 200	10.000
Sommery	14.790	12.920	7.650	11.220	5.440
Thiergeville	9.200	9.000	8 600	7 000	8.200
Torcy-le-Grand	9.800	21.000	9.800	14.000	9.800
Tourville	14.300	18.730	17.800	17.000	17.000
Toussaint	30.400	27.500	20.000	23.400	18.600
Triquerville	24.200	27.200	16.200	18.600	15 800
Vieux-Rouen	. .	. .	. .	. .	. .
Villequier	17.600	21.600	20.000	17.600	14.400
Villers-Ecalles	. .	. .	. .	. .	. .
Yville-sur-Seine	23.200	25.400	31.000	34.200	15.400
Moyennes	16.391	19.421	15.191	15.572	12.429

OBSERVATIONS SUR LA PRODUCTION DES POMMES DE TERRE.

Les plantations de pommes de terre ont dû être faites partout sur lignes espacées de 40 centimètres en conservant une distance de 35 centimètres entre chaque plantation. La plupart des expérimentateurs ont signalé ces conditions de culture comme défavorables au développement des tubercules qui, en général, étaient plus gros et mieux développés quand ils étaient produits par les plantes du pourtour de chaque parcelle. Il semblerait donc que les plantes trop rapprochées les unes des autres ne recevaient pas une suffisante alimentation aérienne. Il paraît aussi que les soins de binage et de sarclage autour de chaque pied avaient cessé de bonne heure d'être possibles. On peut donc attribuer pour une bonne partie à ce défaut d'espace et de soins les amoindrissements de la récolte et de la grosseur des tubercules signalés dans un grand nombre de nos petits champs.

A ce sujet, l'inspecteur départemental, auteur de l'instruction adressée à MM. les instituteurs le 1er mai 1880, doit donner ici une explication. Il avait pris pour guide en cette circonstance le passage suivant du *Cours d'Agriculture*, du comte de Gasparin (t. IV, pag. 39 et 40).

« L'espacement à donner aux pommes de terre est une question impor-
« tante et qui décide souvent du succès de la récolte. Quand on les écarte
« beaucoup, on a plus de facilité pour les travaux de la jachère, mais aussi
« le produit diminue très sensiblement, quelle que soit la fertilité de la
« terre. En les serrant au point que les tiges et les feuilles couvrent le ter-
« rain quand elles ont pris leur développement, on fait de cette culture une
« culture étouffante; on conserve l'humidité au pied des plantes, et les ré-
« coltes augmentent beaucoup de valeur. Cette dernière pratique est celle
« de tous les pays où la culture des pommes de terre est la plus avancée,
« l'Irlande et la Savoie. Dans l'une et l'autre de ces contrées, on n'éloigne
« pas les plantes de plus de 0 m 30 à 0 m 35 en tous sens. C'est aussi cette
« distance qui nous a donné les plus forts rendements. »

Ceci étant dit, voici maintenant les remarques auxquelles la culture des pommes de terre a donné lieu dans chaque champ d'expériences :

Auffay. Plantées dans les premiers jours d'avril, les pommes de terre l'ont été dans de mauvaises conditions. Malgré cela, elles ont donné une belle végétation, surtout sur la parcelle n° 2 qui a été pillée en partie par des maraudeurs dans la nuit du 7 au 8 août.

Authieux (Les). Plantations faites le 20 avril. Bonne récolte.

Bardouville. La plantation faite le 20 avril a été un peu tardive pour la nature du sol. La végétation a toujours été plus luxuriante sur la parcelle n° 5, à l'engrais minéral, sans y prendre fin plutôt que sur les autres parcelles. Il est permis de supposer que l'engrais complet a été appliqué par erreur sur la parcelle n° 5 au lieu de l'engrais minéral qui aurait été donné alors à la parcelle n° 2?

Baromesnil. On a opéré la plantation le 1er avril. Voici ce qu'ont été les caractères de la végétation . tiges petites sur le fumier, moyennes sur l'engrais minéral, très fortes et très hautes sur l'engrais complet et sur l'engrais azoté. Les grandes pluies tombées en juillet ont fait beaucoup de mal aux plantes développées sur ces deux parcelles et en ont arrêté la végétation. La parcelle n° 5 n'a pas été cultivée.

Berneval. Plantation le 31 mars. Les plantes développées sur la parcelle n° 5 n'y ont jamais rien fait. Elles n'ont pas été un seul instant plus luxuriantes que celles du n° 5. Quant au no 1, il a été « un peu pillé » peut-être « par des maraudeurs. »

Biville-la-Rivière. La maladie a occasionné des ravages si considérables dans ce petit champ, surtout sur les parcelles 1 et 5 qu'il a semblé convenable de ne pas porter sur le tableau les indications obtenues. Signalons toutefois que les parcelles 2 et 4 n'ont donné que des tubercules sains, mais leur rendement était médiocre. Il est vrai que les cultures ont été faites dans un sol de bien mauvaise nature, — le diluvium mélangé de cailloux. On annonce avoir obtenu sur chaque parcelle de 50 mètres carrés : 12 litres tubercules sains et 52 litres de malades sur n° 1 ; — 76 litres tubercules sains sur n° 2 ; — 28 litres sains et 9 litres malades sur n° 5 ; — 55 litres sains sur n° 4 et 7 litres sains avec 15 litres malades sur n° 5.

Boisguillaume. On a fait la plantation le 24 avril, à une époque un peu tardive. Cette circonstance, jointe à l'action nuisible exercée sur les feuilles par le *phonosphora,* peut être considérée comme la cause déterminante de la mauvaise récolte, mais assurément la grêle du 17 juillet a contribué aussi à amener son amoindrissement.

Bosc Edeline. Plantation le 2 avril. On a volé les tubercules de 25 plantes. Antérieurement à l'époque de la germination, les corneilles avaient détruit une trentaine de plantes qui n'ont pas été remplacées.

Bosc-Mesnil. La culture des pommes de terre n'a été l'objet d'aucune observation. La plantation date des 5 et 6 avril.

Bradiancourt. Plantation le 7 avril Les parcelles à l'engrais azoté et sans engrais dont les produits sont si faibles, ont été ravagées par des sangliers. La grêle du 30 juin avait déjà, d'ailleurs, compromis la récolte.

Campneuseville. La plantation faite le 7 avril a donné lieu à une végétation normale qui a bien fini.

Catelier (Le). Pas de renseignements.

Caudebec-lès-Elbeuf. Pas de renseignements.

Contremoulins Des maraudeurs ont pillé les plantations. La mise en terre des tubercules reproducteurs a été faite le 31 mars.

Crique (La). Les corneilles ont dévasté les plantations, surtout dans les parcelles nos 4 et 5, au moment où les germes sortaient de terre. On a volé les tubercules de 38 plantes.

Criquetot sur-Ouville. Plantation faite les 3, 4 et 5 avril. Le sol était particulièrement en mauvais état dans les deux premières parcelles, par suite de charrois opérés avant l'hiver.

Fesques. Les pommes de terre ont été plantées le 31 mars.

Folletière (La). Plantation opérée le 2 avril. La germination s'est accomplie d'abord sur la parcelle à l'engrais complet et y a donné une végétation plus luxuriante, avec des feuilles colorées en vert foncé, mais ces feuilles ont été les premières anéanties par la maladie.

Fresne-le-plan. Plantation les 8 et 9 avril. (V. observations sur la production du blé.)

Fréville. La végétation était plus vigoureuse sur la parcelle à l'engrais complet que sur toutes les autres. C'est aussi sur cette parcelle que la maladie est apparue tout d'abord. On l'a observée ensuite sur l'engrais minéral, puis sur le fumier, et trois semaines plus tard sur l'engrais azoté. Enfin, la parcelle sans engrais a été atteinte la dernière.

Ganzeville. Plantation du 31 mars. La gelée a fait sentir son action sur les deux dernières parcelles dans la nuit du 30 au 31 mai. Malgré cela, la végétation s'y est développée d'une façon régulière.

Gommerville. Le champ n'a pas été cultivé.

Graincourt. Les pommes de terre n'ont pas été attaquées par la maladie. Plantées le 13 avril, elles appartiennent à deux espèces différentes dont l'une a été confiée aux parcelles 1 et 2, tandis que l'autre s'est développée sur les parcelles 4 et 5 qui sont naturellement trop humides pour convenir à cette culture et lui faire donner de bons rendements.

Grandcamp. Plantation du 8 avril. On aperçoit ici l'influence des soins spéciaux donnés à la parcelle n° 1. (V. les observations sur la production du blé.)

Grand-Couronne. Plantation du 8 avril sur un sol d'inégale composition. (V. les observations sur la production du blé.)

Grigneuseville. Plantations du 15 avril. (V. les observations sur la culture du pois.)

Gueures. Quoique plantées le 6 avril, les pommes de terre ont donné lieu à de bien pauvres récoltes. Cela est dû sans aucun doute à l'extrême pauvreté du sol en azote assimilable ? (Voir Tableau no XIV.)

Gueutteville. Les pommes de terre ont été plantées en deux fois les 7 et 16 avril. Le sol n'offre pas une égale composition dans toutes les parcelles. La parcelle n° 5 n'a pas été cultivée.

Hanouard (Le) Plantation faite le 29 mars.

Héron (Le). Les sangliers ont dévoré environ 5 kilogrammes de tubercules sur la parcelle au fumier. Cela correspond à une perte de 600 kilogrammes par hectare, dont il a été tenu compte dans l'évaluation. Les plantations ont été faites le 5 avril.

Hugleville-en-Caux. Plantées le 5 avril, les pommes de terre n'ont reproduit que des tubercules sains.

Janval. Plantation faite les 5 et 6 avril.

Longueville. Plantation le 20 avril. (V. les observations sur la production du blé.)

Louvetot. Plantations du 8 au 10 avril. (V. les observations sur la production du blé.)

Marques. Faibles rendements à cause de l'époque tardive de la plantation qui n'a eu lieu que le 18 mai. Le champ d'expériences a été pillé par des maraudeurs.

Mélleville. La plantation a été faite les 1er, 2 et 5 avril. La parcelle au fumier a reçu des tubercules entiers, tandis que l'on n'a planté dans les quatre autres que des pommes de terre coupées en morceaux.

Montivilliers. Plantées le 9 avril, les pommes de terre ont mûri d'abord sur les parcelles 2 et 4. Celles qui se sont développées sur l'engrais minéral n'ont été bonnes à récolter qu'après toutes les autres. Les parcelles 2 et 5 ont le plus souffert de la tempête du 26 juillet; toutes leurs feuilles ont été meurtries ou emportées par le vent, de telle sorte que la marche de leur végétation s'est trouvée arrêtée. Le *poronospora* a fait son apparition sur toutes les parcelles le 15 juillet, mais il n'a exercé son action que sur les feuilles, sans compromettre la qualité des tubercules.

Neuville. Le rapprochement des plantes a été nuisible à la production. Plantation faite les 24, 26 et 27 mars.

Normanville. Les tubercules étaient plus gros sur les bords de toutes les parcelles, ce qui indique des plantations trop rapprochées. Celles-ci ont été faites le 8 avril.

Ouville-l'Abbaye. Plantation du 1er avril. Les tubercules récoltés sur la parcelle au fumier étaient plus nombreux et plus petits que ceux fournis par la parcelle à l'engrais complet. On avait employé le fumier à la dose d'un demi-mètre cube au lieu de n'en employer qu'un tiers de mètre cube.

Penly. (V. les observations sur la production du blé.) On a planté les pommes de terre le 28 mars.

Petit Couronne. Plantations opérées le 8 avril. La fleur a été coupée par la grêle avant d'être éclose, et les plantes ont été abimées pendant l'orage du 17 juillet, qui a noirci et fait mourir les feuilles. Malgré cela, les tubercules n'ont pas été malades.

Pierrecourt. Plantations opérées le 26 avril. (V. les Observations sur la production du blé.)

Quincampoix. La plantation porte la date du 5 avril. La récolte a été peu abondante et comprenait environ le dixième en tubercules malades. Le sol cultivé était en mauvais état et rempli de chiendent qui n'a pu être enlevé en totalité.

Roncherolles. Plantation faite le 5 avril. On a complété l'insuffisance des tubercules envoyés par la Société centrale pour la plantation, par l'adjonction de 15 litres de pommes de terre appartenant à une autre variété.

Saint-Aubin-Epinay. Plantation le 14 avril sur un sol dont la composition n'est pas homogène.

Saint-Etienne-du-Rouvray. Plantation le 8 avril.

Saint Germain-d'Etables. La plantation a été effectuée le 11 avril. La levée s'est bien faite, mais les jeunes plantes n'ont pas tardé à présenter des symptômes de souffrance, principalement sur la parcelle n° 3, où les feuilles sont toujours restées jaunes. Dans les parcelles 1, 4 et 5, les tiges se sont fanées dans le courant de juillet.

Saint-Honoré. Les renseignements n'ont pas été envoyés.

Saint-Pierre-lès-Elbeuf. Les tubercules ont été plantés le 30 mars sur lignes distantes de 0 m 80 d'un côté et 0 m 60 de l'autre. On s'en est bien trouvé : les feuilles couvraient entièrement le terrain Une expérience faite dans les mêmes conditions de fumure que la parcelle n° 1, mais selon les instructions (espacement de 0 m 40 sur 0 m 35), a donné seulement 17,600 kil. de tubercules à l'hectare, et ils étaient plus petits que ceux obtenus dans le premier cas.

Sainte Croix-sur-Buchy. Plantation le 9 avril. Toutes les parcelles ont bien levé. Malgré cela, la récolte a été bien faible. (Voir les Observations sur la production du blé.)

Saussay (Le). Plantation le 7 et 8 avril.

Sept-Meules. Toutes les expériences ont échoué.

Sévis. Plantation le 3 avril.

Sommery. Plantation le 31 mars. La maladie a sévi avec une grande intensité. (Voir les Observations sur la production du blé.)

Thiergeville. Plantés le 1er avril, les tubercules ont mis six semaines à lever, et ont donné des plantes qui ont toujours langui. (Voir les Observations sur la production du blé.)

Torcy-le-Grand. Plantation le 28 avril. La culture a été faite sans surveillance par une personne du pays, autre que le directeur du champ qui, cependant, a opéré lui-même la récolte des produits.

Tourville. La plantation a eu lieu le 10 avril. (Voir les Observations sur la production du blé.)

Toussaint. Plantation le 30 mars. (Voir les Observations sur la production du blé, et plus loin Tableau no XIV.)

Triquerville. Plantation les 19, 20 et 21 avril.

Vieux-Rouen. (Voir les Observations sur la production du blé.

Villequier. Plantation opérée le 6 avril dans un terrain humide et très peu convenable pour cette culture. (Voir les Observations sur la production du blé.)

Villers Ecalles. Pas de renseignements.

Yville-sur-Seine. La plantation a été faite le 6 avril.

XI. — *Expériences sur l'orge et l'avoine.*

Nature des plantes cultivées et lieux où sont situés les champs d'expériences.	Production en kilogrammes de grain, ramenée à l'hectare sur la parcelle				
	No 1 au fumier	No 2 à l'engr. complet.	No 3 à l'engr. minéral.	No 4 à l'engr. azoté.	No 5 sans engrais.
CULTURE DE L'AVOINE.					
à St-Etienne-du-Rouvray......	1.570	2.350	2.350	2.750	1.180
CULTURE DE L'ORGE.					
à St-Etienne-du-Rouvray........	3.500	2.975	2.450	3.150	1.925
Torcy-le-Grand.............	1.080	2.160	1.320	1.320	1.080
Yville-sur-Seine............	1.600	2.800	2.000	2.600	1.000

Petits champs. *XII. — Expériences sur les carottes.*

LIEUX où sont situés les champs d'expériences	Proportion en kilogrammes de racines, ramenée à l'hectare sur la parcelle				
	No 1 au fumier	No 2 à l'engrais complet	No 3 à l'engrais minéral	No 4 à l'engrais azoté	No 5 sans engrais
Auffay	. .	. .	. .	. .	. .
Anthieux (Les)	14.100	11.000	6.850	13 400	6 100
Bardouville	25.000	17.000	10.500	8.400	4.000
Baromesnil	10.400	14.800	12.400	13.200	. .
Berneval	11.800	10.000	9.500	11.800	8.500
Biville-la-Rivière	. .	. .	. .	. .	. .
Boisguillaume	1.400	2.900	3.300	2.500	1.400
Bosc-Edeline	29.600	33.000	24.800	16.400	18.600
— Mesnil	32.000	30.000	25.200	33.000	27.200
Bradiancourt	11.400	15.300	9.500	14.100	6.200
Campneuseville	14.200	14.800	9.200	9 800	7.400
Catelier (Le)	. .	. .	. .	. .	. .
Caudebec-lès-Elbeuf	. .	. .	. .	. .	. .
Contremoulins	23.800	23.200	19.200	19.700	16.400
Crique (La)	7.520	9.650	7.820	6.450	5.800
Criquetot-sur-Ouville	20.400	18.800	1.6000	9.600	9.400
Fesques	35.400	30.000	32.800	34 000	26.000
Folletière (La)	8.600	10.400	10 000	12.400	10 800
Fresne-le-Plan	15.400	22 750	13.150	10.150	11.850
Fréville	21.000	26.200	13.500	15.150	8 500
Ganzeville	17 800	13.000	17.000	11.800	9 200
Gommerville	. .	. .	. .	. .	. .
Graincourt	24.200	26.000	17.000	21.200	15.600
Grand-Camp	. .	. .	. .	. .	. .
Grand-Couronne	28.000	24.400	20.600	28.600	20.400
Grigneuseville	10.000	15.000	10.000	10.000	9.000
Gueures	13.300	19.100	12.620	12.700	11.000
Gueutteville	7.000	6.000	6.000	5.000	1.600
Hanouard (Le)	. .	. .	. .	. .	. .
Héron (Le)	. .	. .	. .	. .	. .
Hugleville-en-Caux	15.000	17.800	18 400	11.200	6.900
Janval	19.400	20.400	21.800	21.200	19.200
Longueville	. .	. .	. .	. .	. .

Petits champs. *XII. — Expériences sur les carottes. (suite)*

LIEUX où sont situés les champs d'expériences	Production en kilogrammes de racines, ramenée à l'hectare sur la parcelle				
	No 1 au fumier	No 2 à l'engrais complet	No 3 à l'engrais minéral.	No 4 à l'engrais azoté.	No 5 sans engrais.
Louvetot	. .	. .	. .	. .	. .
Marques	16.800	19.000	18.200	13.000	10.400
Melleville	. .	. .	. .	. .	. .
Montivilliers	16 280	14.275	11.600	11.496	9.000
Neuville	4.400	4.400	3.000	3.400	3.000
Normanville	23.000	27.000	18.000	19.600	12.000
Onville-l'Abbaye	23.400	17.000	9.600	13.000	7.800
Penly	14.000	16.000	10.000	14.000	12.000
Petit-Couronne	14.100	29.500	19.600	23.300	12.800
Pierrecourt	16.400	12.800	10.800	21.800	7.800
Quincampoix	10.800	12.400	6.400	11.800	5.800
Roncherolles	11.800	18.200	7.000	15.600	3.600
St-Aubin-Epinay	. .	. .	. .	. .	. .
St-Etienne-du-Rouvray	17.950	24.050	23.800	23.800	17.000
St-Germain-d'Etables	16.000	18.000	17.400	16.800	15.200
St-Honoré	. .	. .	. .	. .	. .
St-Pierre-lès-Elbeuf	23.850	18.640	23.650	18.600	16.200
Ste-Croix-sur-Buchy	12.600	16.500	13.400	12.400	9.600
Saussay (Le)	3.000	2.400	800	1.200	1.200
Sept-Meules	. .	. .	. .	. .	. .
Sévis	20.000	17.000	16.000	15.000	14.000
Sommery	12.200	13.000	11.200	14.400	10.200
Thiergeville	. .	. .	. .	. .	. .
Torcy-le-Grand	8.000	10.000	10.000	10.000	4.000
Tourville	7.600	8.000	8.800	8.000	7.600
Toussaint	18.600	15 700	12.700	11.800	9.100
Triquerville	. .	. .	. .	. .	. .
Vieux-Rouen	. .	. .	. .	. .	. .
Villequier	14.000	24.500	21.000	14.000	7.000
Villers-Ecalles	. .	. .	. .	. .	. .
Yville-sur-Seine	16.800	21.600	14.400	18.000	7.200
Moyennes	16.063	17.545	13.806	14.420	10.134

OBSERVATIONS SUR LA PRODUCTION DES CAROTTES.

Par suite d'une erreur de copie, l'instruction adressée le 1er mars 1880, aux directeurs des Champs d'expériences, portait que les carottes devaient être semées sur des lignes ou billons espacées de 0m,30. L'auteur de cette instruction, qui est aussi celui de ce rapport, avait d'abord écrit 0m,50. Il est résulté de ce changement que les binages n'ont pu être effectués d'une manière convenable, lorsque les plantes eurent commencé à prendre quelque développement, et que ce défaut de soins a nui, dans tous les champs où il a eu lieu, à l'accroissement normal de la production.

Deux autres circonstances ont aidé encore à amener ce regrettable résultat : d'abord la lenteur de la germination qui s'est trouvée fort retardée par la grande sécheresse, et les basses températures du mois de mai; et puis, dans beaucoup de localités, les racines se sont trouvées entravées dans leur libre développement, parce que l'on y a négligé d'opérer, d'une manière suffisante, l'éclaircissement des semis, si nécessaire lorsque l'on veut obtenir de grosses racines. En outre, dans plusieurs champs où la levée des plantes ne s'était pas effectuée régulièrement, on a essayé de combler les vides par des transplantations qui ne réussissent jamais dans la contrée. Enfin, dans quelques localités, des ensemencements trop tardifs (1), puis les attaques des insectes, ainsi que l'invasion de la rouille, les ravages de la grêle, et les déprédations des animaux ont contribué aussi à déterminer l'amoindrissement des chiffres de la récolte.

L'on a cultivé des betteraves en place des carottes dans trois localités. Les résultats obtenus de cette culture spéciale seront consignés dans le prochain tableau (no XIII), mais les observations qu'elle a fait naître vont trouver leur place dans les lignes suivantes :

Auffay. Les carottes ont été semées sur un terrain mal préparé, et rempli de mauvaises herbes qui, n'ayant pas été suffisamment détruites, ont nui au développement de la récolte. Les racines obtenues étaient véreuses et cassées, — impropres, par conséquent, à la consommation. On ne les a pas pesées.

Authieux (Les). (Voir les Observations sur la production du blé.) La levée des carottes, semées le 20 avril, s'est mal faite sur la parcelle à l'engrais complet, où l'on a comblé les vides par des repiquages qui ont donné des plantes chétives. La parcelle chargée d'engrais azoté seul était remar-

(1) Lorsque l'on veut obtenir une abondante récolte de betteraves ou de carottes, il faut procéder à l'ensemencement dans la période comprise entre le [illegible] avril et le 5 mai, ainsi que nous l'avons démontré il y a plus de vingt ans.

quable par la luxuriance de sa végétation ; la germination y avait été parfaite.

Bardouville. Semées le 29 avril dans un terrain effrité comme de la cendre, la germination a été entravée pendant cinq semaines par la sécheresse et le temps froid qui a suivi. La levée s'est mieux faite sur la parcelle au fumier, à cause de l'humidité apportée et conservée par celui-ci. De là la supériorité de la récolte obtenue sur cette parcelle.

Baromesnil. L'ensemencement a été fait le 1er mai. Les feuilles ont été comme brûlées par le vent, vers le 15 juillet, et la végétation, qui présentait alors un bel aspect, s'est trouvée à peu près arrêtée.

Berneval. La parcelle n° 2 a été bouleversée en une nuit par les taupes. On a réparé les vides par des repiquages qui n'ont pas réussi. Ainsi s'explique le faible rendement obtenu sur cette parcelle.

Biville-la-Rivière. Les carottes, semées du 2 au 6 mai, ont donné des plantes dont les racines ne se développaient qu'avec difficulté en s'insinuant au travers des nombreux cailloux disséminés dans le sol. Le directeur du champ annonce avoir obtenu, dans ces conditions désavantageuses, des récoltes bien remarquables : 25k,9 sur la parcelle n° 1 ; — 51k,8 sur la parcelle n° 2, ce qui correspond à 10,360 kil. par hectare ; — 16k,8 sur n° 3 ; — 35k,6 sur n° 4 et 4k,9 sur n° 5 !

Boisguillaume. Les carottes ont été attaquées par les pucerons qui, en dévorant les feuilles, ont entravé la marche régulière de la végétation.

Bosc-Edeline. L'ensemencement, opéré le 26 avril, a donné lieu à une bonne récolte.

Bosc-Mesnil. Semées du 3 au 5 mai, les carottes ont été longtemps à lever. La terre était sèche au moment de l'ensemencement.

Bradiancourt. La récolte a été compromise par la grêle du 30 juin. En outre, les plantations ont été attaquées pas des vaches qui ont mangé les feuilles.

Campneuseville. La sécheresse a beaucoup nui à la levée des plantes qui sont restées languissantes jusqu'à la fin de juillet. L'ensemencement avait été fait le 7 mai. Les pluies survenues en septembre ont exercé une action utile sur la végétation, mais leur intervention bienfaisante a eu lieu trop tard pour déterminer un accroissement convenable de la production.

Catelier (le). Pas de renseignements.

Caudebec-lès-Elbeuf. Idem.

Contremoulins. C'est la cinquième année au moins que l'on cultive les carottes dans ce terrain L'ensemencement y a été fait du 25 au 26 avril. Il est utile de remarquer que ce terrain contient encore la moitié des éléments de l'engrais minéral, et les quatre dixièmes des éléments de l'engrais azoté exigés pour produire 25,200 kil. de racines à l'hectare. (Voir plus loin Tableau XIV.)

Crique (*La*). L'ensemencement a été fait en deux fois, et beaucoup trop tard (le 16 mai et le 5 juin) pour donner d'abondantes récoltes. Pour surcroît d'insuccès, les plantes ont été broûtées par les moutons.

Criquetot-sur-Ouville. Des insectes ont attaqué les carottes, surtout sur les parcelles 3, 4 et 5, qui ont produit des racines médiocres et petites.

Fesques. L'ensemencement, fait les 26 et 27 avril, a été suivi de bons soins culturaux. Il a donné une bonne récolte. (Voir Tableau XIV pour la constitution et les exigences du sol cultivé.)

Folletière (*La*). Semées le 5 mai, les graines ont été retardées dans leur germination par la sécheresse. Ce sont celles sur engrais complet qui ont donné lieu à la végétation la plus active. Au 15 juillet, toutes les parcelles, surtout celle au fumier, ont été attaquées par un petit ver rouge qui, en pénétrant dans les plantes, paralysait le développement des racines.

Fresne-le-Plan. Les carottes ont été semées le 4 mai. (Voir les Observations sur la production du blé.)

Fréville. La germination des graines semées le 3 mai, s'est accomplie plus promptement sur les parcelles 2 et 4, mais la grande sécheresse a retardé de près de 40 jours, la levée des plantes. Vers la fin de juillet la parcelle au fumier et celle à l'engrais complet ont commencé à presenter une grande supériorité d'activité vitale, et l'ont conservée jusqu'à l'époque de la récolte qui a eu lieu le 12 novembre.

Ganzeville. L'ensemencement a eu lieu le 30 avril, les racines sont petites, très dures et piquées des vers.

Gommerville. Champ sans culture.

Graincourt. L'ensemencement date du 29 avril. (Voir les Observations sur la production du blé.)

Grand-Camp. On n'a pas fait d'expérience sur les carottes.

Grand-Couronne. Semées le 26 avril, les carottes ont eu à souffrir de la sécheresse. Celles que l'on a récoltées sont presque toutes fourchues. Le directeur du champ attribue cet accident à la nature du sol. Les plus belles racines ont été produites sous l'influence de l'engrais complet. (Voir les Observations sur la production du blé.)

Grigneuseville. (Voir les Observations sur la culture des pois.) Ensemencement du 29 avril.

Gueures. Semées le 1er mai, les carottes ont levé très irrégulièrement, et ont beaucoup souffert de la sécheresse. Le sol du champ d'expérience ne contient pas d'azote assimilable. (Voir Tableau XIV.)

Gueutteville. Ensemencement opéré le 4 mai. (Voir les Observations sur la production du blé.)

Hanouard (Le). Les carottes ont été remplacées par des betteraves fourragères semées le 4 mai. La sécheresse a nui beaucoup aux premiers progrès de la végétation, mais la nature pierreuse du sol a contribué puissamment à l'amoindissement des chiffres de cette production. (Voir les Observations sur la production du blé.)

Héron (Le). Les feuilles des parcelles nº 1 et 2 ont été mangées en partie par les lapins qui ont même réduit à néant la production sur les trois dernières parcelles.

Hugleville-en-Caux. La sécheresse des mois d'avril et de mai a empêché les semis de lever. Le rendement supérieur de la parcelle nº 3 comparée à celui de la parcelle nº 2 s'explique par cette circonstance que sur cette dernière la germination s'est accomplie en différents temps : les plantes trop tassées, par suite de ces levées successives, ont dû être gênées dans leur développement, car elles paraissaient à l'œil, devoir être plus productives que sur les autres parcelles.

Janval. L'ensemencement a été exécuté les 29 et 30 avril. La sécheresse du printemps a contribué à l'amoindrissement des chiffres de la récolte.

Longueville. Les parcelles destinées à la culture des carottes n'ont pas été ensemencées.

Louvetot. Même remarque.

Marques. Les feuilles ont été toutes mangées pas les bestiaux.

Melleville. Les betteraves ont été remplacées par des betteraves à sucre. La levée s'est mieux faite dans la parcelle au fumier que dans les autres, où il a fallu en repiquer un huitième environ. La pluie abondante versée pendant l'orage du 18 juin, quoi que de peu de durée, a durci plutôt que mouillé la terre des quatre dernières parcelles ; elle a été probablement la cause efficiente de la mauvaise germination. Le fumier donné à la parcelle nº 1 avait servi de préservatif contre les effets de cette pluie dont il a pu ensuite retenir une partie des éléments aqueux.

Montivilliers. Les plantes ont été attaquées sur toutes les parcelles par un puceron, l'*Aphis noir* des ombellifères qui a été aidé dans son œuvre de destruction par la Psylomye des carottes, dont les attaques se sont portées sur les racines.

Neuville. La faiblesse de la récolte n'a été l'objet d'aucune observation de la part de l'expérimentateur.

Normanville. Les feuilles ont roussi vers le 10 septembre. L'on doit attribuer à cet accident l'amoindrissement de la récolte qui n'était composée que de racines fort petites.

Ouville-l'Abbaye. Malgré une levée tardive les apparences de la végétation étaient belles, si ce n'est sur la parcelle n° 5 qui a toujours été malingre; mais après l'orage du 29 août qui a répandu sur le champ une pluie diluvienne, la rouille a envahi toutes les parcelles, et compromis toutes les récoltes. Il est utile de rappeler ici que l'on a exagéré la dose de fumier accordée à la parcelle n° 1. (Voir les Observations sur la production du blé.)

Penly. Ensemencement opéré le 16 mai. (Voir les Observations sur la production des pois.)

Petit-Couronne Les racines obtenues sont généralement fourchues sur la parcelle à l'engrais complet. Les semis ont été exécutés de très bonne heure : le 15 avril. La grêle du 17 juillet a été moins préjudiciable à cette culture qu'aux trois autres. — Il est à remarquer que depuis une dizaine d'années on ne cultive que des carottes dans la terre consacrée au champ d'expériences, et que cette terre est infestée de chiendent qui s'y accumule d'année en année. Au dire des cultivateurs du pays cette terre n'a reçu aucun engrais depuis peut-être vingt ans. Malgré cela le sol est loin d'être épuisé, puisque son analyse par les carottes qu'il a produites cette année atteste qu'il contient les 0,62 des éléments de l'engrais minéral, et les 0.41 de la dose de sulfate d'ammoniaque qui lui ont été donnés dans l'engrais complet pour le mettre en état de fournir 29,500 kilos de racines lorsque sans engrais il ne produit que 12,800 kilos. (Voir plus loin Tableau XIV.)

Les expériences entreprises dans ce champ sur la production des carottes sont donc fort intéressantes, puisqu'elles permettent de mieux saisir l'influence comparée de chaque engrais incomplet, et qu'elles signalent une remarquable richesse antérieure en éléments fertilisateurs.

Pierrecourt. Ensemencement exécuté le 21 avril. Le sol était mal apprêté, et infesté de mauvaises herbes dont on a pris le soin de le débarrasser par des sarclages qui ont été souvent répétés, mais d'une façon inégale et insuffisante sur les diverses parcelles.

Quincampoix. Les deux cinquièmes des racines étaient gâtées dans chaque parcelle.

Roncherolles. Grande sécheresse depuis le 1er mai, époque de l'ensemencement, jusqu'au 10 juin. La levée des plantes a commencé à se faire vers le 20 juin sur les parcelles 2 et 4; — Le 25 sur la parcelle n° 3, et fin juin sur les parcelles 1 et 5. Le directeur du champ d'expériences attribue les insuccès constatés sur toutes les parcelles, à la grande sécheresse du printemps qui a entravé et retardé la germination.

Saint-Aubin-Epinay. On a cultivé des betteraves fourragères. Celles sur engrais complet étaient plus grosses que les autres. Les binages n'ont pas été opérés à la même époque; l'ensemencement a été exécuté le 12 mai. La composition du sol n'est pas homogène.

Saint-Etienne-du Rouvray. La sécheresse du printemps et les pluies d'automne ont été la cause de l'affaiblissement des rendements. L'ensemencement a été opéré le 15 avril.

Saint-Germain d'Etables. Des insectes ont attaqués les feuilles dans le courant de juillet, et ont contribué par leurs attaques à entraver la marche régulière de la végétation. Le semis a été fait le 25 février.

Saint-Honoré. Pas de renseignements.

Saint-Pierre-lès-Elbeuf. Les carottes ont été semées le 25 avril. Les plantes ont souffert; elles n'étaient pas douées d'une active végétation et paraissaient malades. Beaucoup de racines sont véreuses.

Sainte-Croix-sur-Buchy. Semis opéré le 29 avril, La sécheresse a entravé la levée des plantes qui ne s'est accomplie qu'avec lenteur.

Saussay (Le). La récolte est insignifiante. Les plantes ont été ravagées par les insectes, surtout sur la parcelle à l'engrais minéral, puis, pour achever le désastre, les feuilles ont été mangées par un troupeau de moutons.

Sept-Meules. Les cultures n'ont pas donné de résultat.

Sévis. Ensemencement du 1er mai. Les soins donnés à la première parcelle ont été moins grands que ceux accordés aux quatre autres; malgré cela le produit y est supérieur en quantité. Les racines ont été attaquées par un petit ver blanc qui les rongeait, et pénétrait jusqu'au cœur dont il se nourrissait ensuite. Les carottes ainsi endommagées ne peuvent servir qu'à la nourriture du bétail.

Sommery. Les graines semées le 24 avril ayant mal levé sur l'engrais complet, on y a opéré des repiquages qui se sont mal développées. Au reste, l'ensemencement exécuté par un temps sec qui s'est prolongé au delà de quatre semaines, a nui à la germination dont les effets se sont accusés difficilement. De là la pauvreté de la récolte.

Thiergeville. On a remplacé les carottes par des betteraves fourragères semées le 5 mai.

Torcy le Grand. Lorsque les carottes, semées le 5 mai, eurent atteint la grosseur d'environ 5 millimètres, elles se trouvèrent attaqués et rongées par les insectes; leurs feuilles prirent une teinte jaunâtre. La germination s'était accompli avec beaucoup de difficulté à cause de la sécheresse, et beaucoup de graines n'ont pas levé.

Tourville. L'ensemencement a été exécuté le 15 mai. (Voir les Observations sur la production du blé.)

Toussaint. Ensemencement opéré le 5 mai. (Voir les Observations sur la production du blé.)

Triquerville. Semées les 7 et 8 mai sur une terre excessivement aride, les carottes ont levé difficilement, de sorte que la récolte a été peu abondante. Il paraît d'ailleurs que la partie du terrain affectée à ces expériences est d'une nature telle que l'on y récolte toujours difficilement.

Vieux-Rouen. Les parcelles destinées aux carottes n'ont pas été ensemencées.

Villequier. Semis effectué le 5 mai, (Voir les Observations sur la production des pommes de terre.)

Villers Ecalles. Pas de renseignements.

Yville sur-Seine. L'ensemencement a été fait le 27 avril. Au moment de la récolte les feuilles étaient toutes noires.

Petits champs. XIII — *Expériences sur les betteraves.*

SITUATION du champ d'expériences et nature des betteraves cultivées.	Production en kilogrammes de racines, ramenée à l'hectare sur la parcelle				
	No 1 au fumier	No 2 à l'engrais complet	No 3 à l'engrais minéral	No 4 à l'engrais azoté	No 5 sans engrais
Betteraves fourragères.					
au Hanouard	36.000	62.000	21.600	40.600	10.800
à St-Aubin-Epinay	47.300	81.600	47.300	66.900	30.960
à Thiergeville	53.200	65.200	45.600	49.400	25.200
Betteraves à sucre					
à Melleville	39.600	28.200	23.800	19.400	24.200

EXAMEN GÉNÉRAL DES RÉSULTATS OBTENUS

Lorsque l'on étudie avec soin dans les tableaux qui précèdent, les chiffres de la production de chaque plante cultivée, d'une part sous l'influence du fumier, et d'autre part sous celle de l'engrais chimique complet, l'on est frappé tout d'abord de l'importance des écarts mis en évidence. Ainsi par exemple, en ce qui concerne le blé, l'on trouve que l'intensité de la production s'est élevée à Contremoulins, là où elle a atteint ses maxima, à 45 hectolitres 10 sous l'influence du fumier, et à 47 hectolitres 70 sous celle de l'engrais chimique complet, sur une terre qui, sans engrais, en a produit 23 hectolitres 20.

Tandis qu'à Roncherolles-en-Bray, elle est descendue à 10 hectolitres 60 sur engrais complet, pour tomber à 2 hectolitres 60 sur fumier, et à 2 hectolitres 10 sur la terre sans engrais. Il semble donc que dans cette circonstance le fumier était dépourvu d'action, mais le sol du champ d'expériences de Roncherolles a peu d'épaisseur, 0m20 environ ; il est constitué par une terre calcaire très légère reposant sur de la marne ! La secheresse du printemps prolongée jusqu'à la mi-juin y a nui au développement des plantes qui ont épié avec difficulté. Cela explique bien l'extrême pauvreté de la récolte.

A Contremoulins, au contraire, le sol arable est siliceux, et repose sur une argile maigre remplie de cailloux. Il a une épaisseur de 0m25, et avait été consacré depuis cinq ans à la production des carottes. La terre, sans être de première qualité, devait donc être bien nettoyée, bien sarclée. Les conditions d'établissement et de situation du champ, étaient, par conséquent, favorables au développement d'une végétation vigoureuse, pouvant donner lieu, en se terminant, à une très abondante moisson. Si nous ajoutons que les cultures ont été faites dans cette localité, avec les soins les plus grands, les plus minutieux, l'on comprendra mieux encore la beauté des résultats qui, malgré leur grande élévation, ne sauraient être contestés. Ils se sont développés, en effet, sous les yeux d'un agriculteur distingué, M. Félix Tesnières, membre de la Société centrale qui, voisin du théâtre des opérations, en a suivi la marche, et a acheté le blé produit, pour l'employer dans ses ensemencements.

Cette belle expérience porte avec elle un enseignement sur lequel nous devons insister, quoiqu'il ne soit pas nouveau : elle fait voir à quels splendides résultats on arrive, lorsque l'on donne à la terre cultivée, toutes les façons, tous les soins qu'elle réclame.

Sans avoir obtenu d'aussi forts rendements, le directeur du champ de Bardouville a su faire produire à sa terre, qui était en fort mauvais état, et rempli de chiendent quand on la lui a livrée, 57 hectolitres 50 de blé sur fumier, et 45 hectolitres 10 sur engrais complet, alors que la terre sans engrais lui en a donné 24 hectolitres 50. Ici encore nous voyons apparaître l'influence exercée par des soins assidus, sur une terre fort légère — du sable, — dans une contrée où l'on ne fait que du seigle, de l'orge, du sarrazin, des pommes de terre et un peu de trèfle, et où la culture du blé est entièrement délaissée ! S'ils sont bien compris des cultivateurs du voisinage, les résultats obtenus à Bardouville pourront déterminer dans la région une nouvelle étape en avant, dans la voie du progrès.

Voici encore quelques exemples de bons rendements en blé. On a obtenu :

A Campneuseville. . . .	51h,10 sur fumier et	59h,20 sur engrais complet.
A Ganzeville.	50 95	—	59 50	—
A St-Pierre-lès-Elbeuf.	25 20	—	58 70	—
A Pierrecourt.	22 50	—	57 50	—
A Toussaint.	57 40	—	55 55	—

Ici nous voyons apparaître une exception : la parcelle au fumier a donné un rendement plus considérable que celle à l'engrais complet. Cette exception, car ça en est une, ne s'est produite que rarement, puisque sur 49 champs dans lesquels on s'est livré à la culture du blé, nous n'en comptons que six où nous puissions la signaler. Ce sont ceux de Bois-Guillaume, où les plantes ont été abîmées par la grêle du 17 juillet ; — La Folletière, où les ensemencements faits dans de mauvaises conditions, le 18 février, après la disparition des neiges, ont été pillés par les corneilles ; — Gueutteville, ou d'autres anomalies se sont produites, et où l'on signale un défaut d'homogénéité dans la composition du sol (1) ; — Ouville l'Abbaye où, au lieu d'employer un tiers de mètre cube de fumier sur chacune des parcelles destinées à le recevoir, on en a mis un demi-mètre, ce qui correspond à une fumure de 80,000 kilogrammes par hectare ; — Le Héron, où les lapins et les chevreuils ont attaqué et endommagé toutes les cultures ; — et enfin à Toussaint où l'anomalie reste sans explication si l'on ne tient pas compte de ce fait mis en évidence sur le tableau n° XIV, inséré plus

(1) Ce défaut d'homogénéité est signalé dans plusieurs localités. Cependant lorsque l'on étudie dans sa généralité la composition du sol de la contrée, cet accident se présente comme une anomalie que l'on aurait pu et dû éviter avec soin en choisissant les terrains affectés aux Champs d'expériences. On conçoit, en effet, que des parcelles de terre de natures différentes sont impressionnées différemment par la qualité des engrais de même composition dont on les pourvoit, et que les renseignements fournis par les récoltes qu'ils donnent cessent alors d'être comparables entre eux.

loin, que les parcelles chargées de fumier ont accusé la présence dans leur constitution de

111	parties des éléments constitutifs de l'engrais complet, mises au service de la production du blé;				
157	—	—	—	—	des pois;
152	—	—	—	—	des pommes de terre;
145	—	—	—	—	des carottes.

D'où nous pouvons conclure, avec une grande probabilité de certitude, que le fumier employé était d'une qualité supérieure à la moyenne, où bien qu'on l'a apporté sur chaque parcelle à la dose de plus d'un tiers de mètre cube, comme cela a été fait à Ouville-l'Abbaye.

Maintenant, si l'on examine les résultats obtenus sur toutes les parcelles et si on les compare entre eux, l'on reconnaîtra que celle sans engrais a donné des produits plus abondants.

1° Que celle au fumier, dans trois localités : Boisguillaume, Sommery et Saint-Etienne-du-Rouvray ;

2° Que celle à l'engrais complet, à Boisguillaume ;

3° Que la parcelle à l'engrais minéral, dans six localités : Bradiancourt, Fresne-le-Plan, Grand-Couronne, Janval, et Saint Etienne-du-Rouvray.

4° Et enfin que la parcelle à l'engrais azoté dans quatre communes : Boisguillaume, Gueuttevile, Hugleville-en-Caux et Janval.

Cela fait un total de 14 anomalies sur 259 expériences accomplies : c'est moins de 6 pour 100. Ces anomalies s'expliquent à Boisguillaume et à Saint-Etienne-du-Rouvray, par la grêle du 17 juillet qui s'est inégalement répartie sur toutes les parcelles; — à Bradiancourt, par les ravages du bétail ;— à Hugleville, par les déprédations des oiseaux ; — à Janval, par le passage des piétons sur la parcelle à l'engrais azoté, et probablement un peu aussi sur la parcelle à l'engrais minéral, voisine de celle-ci ; — à Gueutteville et à Grand-Couronne, par l'inégale composition du sol; — et enfin à Quincampoix, par le mauvais état du champ, inégalement envahi par les mauvaises herbes, comme cela arrive si souvent.

D'autres anomalies doivent encore être signalées :

La parcelle à l'engrais minéral a donné des rendements supérieurs à celle de l'engrais complet, à Boisguillaume et à Longueville. On connaît les causes des irrégularités signalées à Boisguillaume ; celles de Longueville ne peuvent être attribuées qu'aux dévastations des oiseaux.

A son tour, la parcelle à l'engrais azoté, a été plus fertile aussi que celle à l'engrais complet, à Grand-Camp et à Sommery. Eh bien ! à Grand-Camp, les travaux accomplis par une personne autre que l'instituteur, nous ont été présentés comme ayant été faits avec plus de soins sur certaines parcelles que sur d'autres, et pour cette raison l'on nous a signalé aussi les résultats obtenus, comme étant sans valeur. A Sommery, la parcelle à l'engrais complet était traversée par une veine glaiseuse sur laquelle le blé est mal venu.

Enfin à Sévis, les parcelles à l'engrais complet et à l'engrais azoté ont donné lieu à la même intensité de production. On a signalé les dégats occasionnés par des poules sur la parcelle au fumier : il est permis de croire que la parcelle à l'engrais complet qui lui était contiguë n'a pas échappé aux mêmes déprédations.

Nous venons d'expliquer les anomalies qui se sont manifestées dans les expériences dont la production du blé a été l'objet. Bien qu'elles aient été relativement peu nombreuses, il était nécessaire de mettre en lumière les causes de leur développement, afin de ne laisser aucune arme dans les mains des hommes qui s'imaginent servir les intérêts de l'agriculture en faisant obstacle à la création des champs d'expériences, et au succès des démonstrations que la Société centrale a résolu d'y faire.

Pour ne pas revenir sur cette question, et ne pas allonger ce rapport plus qu'il n'est nécessaire, nous renvoyons le lecteur aux observations relatives à la production des pois, des pommes de terre et des carottes, insérées à la suite des tableaux contenant les résultats obtenus de la culture de ces végétaux dans chaque champ d'expériences. Nous y avons consigné tous les renseignements qu'il nous a été possible d'obtenir, et qui sont propres à expliquer les anomalies peu nombreuses d'ailleurs, qu'il est possible d'y signaler.

Jusqu'à présent, nous ne nous sommes préoccupé que du soin de mettre en évidence les chiffres les plus élevés de la production du blé ; il est nécessaire de connaître aussi l'expression moyenne de la valeur de tous les résultats obtenus dans tous les champs où l'on a fait des expériences à l'aide de cette céréale. Voici ces renseignements :

On a obtenu

Sur la terre fertilisée au moyen du fumier.	21h,45	de grain.
— — — de l'engrais complet. .	26 46	
— — — — minéral. .	19 54	
— — — — azoté. . .	19 98	
— sans addition d'engrais.	15 04	

Ainsi, la terre qui a reçu l'engrais complet a été plus féconde que celle qui a reçu le fumier ; elle a produit un excédent de cinq hectolitres quoiqu'elle ait été l'objet d'un moins riche apport d'éléments de fertilisation. Ce fait a une grande signification, et une haute valeur, pour la théorie agricole.

Nous allons indiquer maintenant ce qui s'est passé dans les champs consacrés aux expériences sur les pois, les pommes de terre et les carottes.

Pois. Leur culture a été contrariée par une multitude de circonstances : d'abord la sécheresse du printemps qui a retardé, quelquefois pendant six semaines, l'accomplissement des phénomènes de la germination ; puis, dans un grand nombre de localités, les ravages des animaux herbivores, ceux des oiseaux, et particulièrement des corneilles qui ont pillé les plantations ; puis les attaques des insectes, et les dégats occasionnés par la grêle et la pluie ; tout cela a aidé puissamment à modifier la marche de la végétation, et à fausser les chiffres de la production.

On le comprend, dans de pareilles conditions, les résultats obtenus sont souvent peu significatifs. Malgré cela, il est utile de les constater.

Sur 49 séries d'expériences les parcelles au fumier comparées à celles qui étaient chargées d'engrais complet, ont donné :

Quatre fois des rendements égaux.

Dix-huit fois des rendements supérieurs, et vingt-sept fois des rendements moins élevés.

En outre, la parcelle sans engrais a été dans sept localités plus productive que celle au fumier ; elle l'a été plus que celle à l'engrais complet dans quatre, et autant dans deux.

Comme on le voit, toutes ces anomalies sont peu nombreuses ; elles sont aussi faciles à expliquer que celles observées dans les expériences dont le blé a été l'objet, et leurs causes sont indiquées dans les observations inscrites à la suite du tableau de la production des pois.

Cette production a présenté les écarts suivants, quant aux principaux maxima :

46h,10	sur fumier, et	50h,10	sur	engrais complet,	à	Janval.
45 70	—	40 »	—	—	à	Toussaint.
56 25	—	58 75	—	azoté,	à	Contremoulins.
56 10	—	51 25	—	complet,	à	Pierrecourt.
55 75	—	56 90	—	—	à	St-Pierre-lès-Elbeuf.
55 75	—	56 25	—	—	à	Triquerville.

Les minima ont été les suivants :

5h,60 sur fumier contre 5h,»» sur engrais complet, à Longueville
5 »» — — 5 »» — — au Hanouard,
et 4h,90 à Sommery.

Quant aux moyennes générales, elles s'établissent ainsi qu'il suit :

21h,08	sur les parcelles	au fumier.		
21 08	—	—	à l'engrais	complet.
18 38	—	—	—	minéral.
17 75	—	—	—	azoté.
15 60	—	—	sans engrais.	

POMMES DE TERRE. Les expériences accomplies en cultivant ces plantes ont donné lieu aux remarques suivantes :

Sur les 56 champs dans lesquels les pommes de terre ont été des sujets d'étude, la parcelle au fumier a été supérieure, par sa fertilité, à celle de l'engrais complet, dans les localités suivantes :

Boisguillaume, Bradiancourt, Criquetot-sur-Ouville, Graincourt, Grand-Camp, Gueutteville, Melleville, Montivilliers, Pierrecourt, Sommery, Thiergeville et Toussaint; en tout douze fois. Nous en avons indiqué les causes dans les observations inscrites à la suite du tableau où ces résultats sont consignés.

Voici quelques chiffres qui permettent de juger les intensités maxima et minima de la production. Les récoltes opérées en tubercules sains correspondent par hectare aux rendements suivants pour les maxima :

580 qx sur engrais complet et 276 qx sur fumier, aux Authieux-sur-le-Port-Saint-Ouen.

357	—	—	304	—	—	à Campneuseville.
517	—	—	315	—	—	à Janval.
550	—	minéral et	275	—	—	à Bardouville.

Et pour les minima :

124 qx sur fumier et 122q sur engrais complet, à Boisguillaume.

Enfin voici les chiffres moyens de la production pour les 56 séries :

164 qx	sur	fumier.
194	—	engrais complet.
152	—	— minéral.
156	—	— azoté.
124	—	la terre sans engrais.

CAROTTES. Il ne nous reste plus qu'à exposer les résultats des expériences dont cette variété de plantes a été l'objet. De même que les pommes de terre, les carottes ont subi les effets nuisibles résultant de l'accomplissement des phénomènes météorologiques, mais elles en ont été plus profondément affectées. Les déprédations des animaux, surtout celles des insectes, et l'invasion de la rouille dans un certain nombre de champs, ont contribué à déterminer souvent un affaiblissement considérable dans les chiffres de la production. Malgré cela, les résultats obtenus sont encore fort intéressants.

Ils font voir que 16 fois sur 45 l'avantage est resté acquis au fumier; mais cela s'explique encore parfaitement bien par les raisons indiquées dans nos observations sur la culture des carottes qui a donné, quant aux intensités des récoltes opérées, les écarts extrêmes que nous inscrivons maintenant pour les principaux maxima :

590 qx sur engrais complet, contre 334 qx sur fumier, à Fesques.
360 — — — — 320 — — à Bosc-Mesnil.
330 — — — — 296 — — à Bosc-Edeline.
295 — — — — 141 — — à Petit-Couronne.
244 — — — — 280 — — à Grand Couronne.

Et pour les minima :

24 qx sur engrais complet, contre 50 qx sur fumier, au Saussay.
20 — — — — 14 — — à Boisguillaume.

Quant aux résultats moyens généraux, ils s'expriment ainsi :

161 qx sous l'influence du fumier.
175 — — de l'engrais complet.
158 — — — minéral.
144 — — — azoté.
101 sur la terre qui n'a reçu aucun engrais.

Avant que de continuer cet exposé, il est nécessaire de faire remarquer que dans les tableaux généraux de la production il est sept champs d'expériences dont les colonnes ne portent aucune indication de rendement. Cela est dû aux causes suivantes :

1° A Sept-Meules, le champ situé auprès des habitations a été dévasté par des animaux domestiques ;

2° A Vieux-Rouen, la production a été mauvaise en blé, pois et carottes ; seules, les pommes de terre promettaient un assez bon rendement, mais elles ont été pillées et emportées par des maraudeurs ;

3° A Biville-la-Rivière, les indications fournies par le directeur du champ d'expériences, arrivées tardivement, devaient être discutées avant que d'être enregistrées. Les résultats annoncés sont inscrits à leur place dans les observations relatives à chaque sorte de production et seront l'objet d'une remarque ultérieure. Ils font voir que l'engrais chimique a été beaucoup plus efficace que le fumier, surtout pour le blé et les pois, sur un terrain à peu près infertile, qui semble n'être composé que par le diluvium rempli de cailloux ;

4° A Gommerville, à ce que les semences et les engrais envoyés par la société, s'ils ont été confiés à la terre du champ, celui ci a, plus tard, été abandonné ;

5° Et enfin à ce que les directeurs des champs du Catelier, de Caudebec-lès-Elbeuf et de Sainte-Honorine n'ont envoyé aucun renseignement, malgré les lettres pressantes qui leur ont été adressées (1).

Parmi les instituteurs directeurs des champs d'expériences, il en est un qui mérite une mention particulière, parce qu'il a su établir entre tous ses élèves, sous le titre de *Société protectrice de l'Agriculture*, une association dont chaque membre a trois obligations à remplir : contribuer à la création d'un musée scolaire, puis concourir aux travaux des champs d'expériences et en protéger les récoltes ; il doit aussi protéger les animaux domestiques, ainsi que tous les oiseaux et les insectes utiles que le maître lui apprend à connaître. En même temps, il doit prendre toutes les mesures nécessaires pour assurer la destruction des animaux nuisibles.

Cette association, formée à Gueures en avril dernier, a su déjà se distinguer, car ses jeunes membres sont parvenus à assurer la conservation de 79 nids d'oiseaux et à opérer la destruction de 10,819 animaux nuisibles, probablement tous des insectes.

Cette jeune société mérite donc d'être encouragée et imitée. Nous considérons comme un devoir de la signaler à l'attention de la Société centrale et à celle de tous les instituteurs.

DÉDUCTIONS ET CONSÉQUENCES.

Maintenant que l'on connaît cette grande série d'expériences conduites parallèlement dans 65 champs à la fois, il nous reste à en tirer les conclusions, dont quelques-unes, la première surtout, s'imposent à l'esprit comme des vérités hors de discussion.

(1) Depuis que ces lignes sont écrites, nous avons reçu de M. Brument, ancien maire de Saint-Honoré, les renseignements suivants sur les résultats qu'il a obtenus lui-même dans le champ d'expériences de cette commune. La production des carottes a été compromise par les ravages des insectes qui ont attaqué les plantes à partir du dédoublage. Nous devons faire remarquer que la terre sans engrais a produit plus de blé et plus de pois que la terre enrichie par un apport de fumier. De pareils résultats rendent sans valeur les expériences qui les ont donnés : ils auraient dû être expliqués ; ils ne l'ont pas été.

NATURE des plantes cultivées et des produits obtenus	Production ramenée à l'hectare sur la parcelle				
	No 1 au fumier	No 2 à l'engrais complet	No 3 à l'engrais minéral	No 4 à l'engrais azoté	No 5 sans engrais
	h.	h.	h.	h.	h.
Blé. hectolitres de gr..	25 8	28. 4	21 9	23 2	28 4
Pois.. — —	22 5	35 .	37 5	35 .	37 5
Pom. de t. kil. de tub	15.200	20.000	17.400	15.800	12.400
Carottes. — —	.	.	.	.	.

En effet, il résulte de tous ces essais, avec une évidence incontestable, que sans donner du fumier à la terre on peut la mettre en état de fournir les plus abondantes récoltes, lorsqu'on l'enrichit convenablement d'azote, de potasse et d'acide phosphorique, si elle est suffisamment pourvue de l'élément calcaire qu'on lui donne toujours chez nous en la marnant. A cet égard, nous devons rappeler la belle expérience accomplie dans le champ de Bardouville, où la terre arable constituée par du sable a pu donner 37 hectolitres 50 de froment sous l'influence du fumier employé pour la rendre fertile, tandis que sous l'influence de l'engrais chimique complet employé seul elle en a fourni 45 hectolitres 10.

D'autres exemples encore bien remarquables de cette qualité de l'engrais chimique se retrouvent aussi à Fréville et au Saussay. A Fréville, la terre, qui avait été consacrée déjà à la production du blé en 1878 et 1879, a donné pour la partie sans engrais 5 hectolitres 70 de grain ; elle en a fourni 15 hectolitres 70 sous l'influence du fumier, et 18 hectolitres grâce à l'action de l'engrais complet. — Au Saussay, la terre sans engrais a produit 6 hectolitres 40 de grain ; celle au fumier en a donné 19 hectolitres 50, contre 21 hectolitres 90 obtenus sous l'influence de l'engrais chimique complet employé seul.

Nous devrions aussi citer le beau résultat obtenu à Biville-la-Rivière : 40 hectolitres de blé par hectare, sous l'influence de ce même engrais employé seul sur un sol improductif (1) ; mais ici les points de comparaison manquent, parce qu'avant que l'on ait pu apprécier leur importance, les produits développés sur la parcelle au fumier et sur le carré sans engrais ont été dévalisés. — Nous devons, en parlant de ce champ, signaler ce fait déplorable, que les commissaires délégués par la Société centrale pour le visiter en ont été détournés par l'indication mensongère qui leur a été donnée, « que la culture ayant fait complétement défaut la récolte a été nulle... » Ce renseignement est contredit par notre collègue, M. Lavieuville, qui est passé par Biville, le 5 septembre, et y a trouvé le blé des trois parcelles à l'engrais chimique réuni en villottes qui semblaient devoir donner un bon rendement de beau grain !...

Reprenant le cours de notre exposé, nous rappellerons maintenant que la production moyenne du blé dans tous nos champs se balance ainsi :

21h,45 sur la terre qui a reçu du fumier.
26 46 — — — l'engrais complet employé seul.

De pareils résultats sont concluants et justifient la ***doctrine des engrais***

(1) Voir les Observations sur la production du blé, des pois, des pommes de terre et des carottes, dans les pages précédentes.

chimiques, la doctrine de M. Ville, lorsque, d'accord avec l'expérience, elle affirme la grande efficacité de ces agents de fertilisation et quand elle donne le conseil de les associer aux fumiers lorsque ceux-ci, comme cela arrive partout, à l'heure présente, ne sont pas disponibles en assez grande quantité pour subvenir aux besoins d'une production qu'il faut s'efforcer de rendre aussi intensive et aussi largement rémunératrice que possible.

Mais pour que la rémunération soit assurée, il faut avoir soin de ne pas se placer dans les conditions où des dépenses exagérées compromettent les intérêts de ceux qui les opèrent sans nécessité. C'est surtout en vue de montrer à tous ceux que cela intéresse comment cet écueil peut être évité, que les expériences de notre première année d'études ont été instituées.

Nous avons déjà dit que les plantes consultées dans des conditions particulières, expriment elles mêmes leurs besoins. — Nous ajouterons qu'elles le font dans un langage qui parle aux yeux et à l'esprit de ceux qui savent le comprendre, et fait connaître la richesse en éléments utiles du sol sur lequel elles se développent.

Or, ce qu'il faut savoir déterminer, ce sont les quantités d'azote, de potasse et d'acide phosphorique qu'il faut donner au sol, lorsqu'on le requiert de produire une récolte quelconque. Pour arriver à ce résultat, nous avons essayé d'étudier dans chacun de nos champs les qualités de la terre, en la mettant en état de développer des végétaux, d'une part, sans avoir reçu aucun engrais, et d'autre part sous l'influence d'une dose connue de fumier ou d'engrais chimique complet, c'est à dire sous l'influence d'un engrais spécial, contenant en proportions plus que suffisantes pour subvenir aux besoins de la culture la plus intensive, les trois éléments : azote, potasse et acide phosphorique qui doivent entrer dans sa constitution.

Nous avons, en outre, déterminé les conditions de la production sous l'influence des engrais incomplets, c'est-à-dire encore, des engrais représentant l'engrais complet, privé alternativement pour chaque cas particulier d'azote, de potasse ou d'acide phosphorique, où bien représentant l'engrais azoté employé seul. C'est ainsi que dans la culture des pommes de terre dans les champs principaux de Rouen et de Saint-Romain nous avons obtenu en tubercules sains.

A Rouen.	A St-Romain.				
27,000 k.	28,000	sur la parcelle n°	25	à l'engrais complet.	
21,400	28,000	—	26	—	— sans azote.
26,070	25,700	—	27	—	— sans phosph.
16,270	24,600	—	28	—	— so.
14,730	21,800	—	29	—	azoté seul.
13,600	19,260	—	30	n'ayant pas reçu d'engrais.	

Pour tirer de ces renseignements les déductions qui en découlent, il faut se rappeler que la terre est toujours limitée dans sa fécondité par celui des agents de fertilisation qu'elle contient dans la proportion la plus restreinte pour donner satisfaction aux besoins de la végétation. Dans ces conditions, on le comprend maintenant, la parcelle n° 26, qui ne reçoit pas d'azote, est limitée dans sa puissance de production par la dose de cet agent contenu déjà à l'état actif dans le sol dont elle est formée; — la parcelle n° 27 qui ne reçoit pas de phosphate, et celle qui ne reçoit pas de potasse (n° 28), le sont à leur tour par la proportion contenue aussi dans le terrain, de celui de ces éléments dont on ne leur fait pas la livraison. De même, la parcelle n° 29, qui ne reçoit que de la matière azotée, est limitée par l'ensemble des substances minérales actives dont elle est pourvue, et qui sont capables d'intervenir dans la vie des plantes soumises à leur action, comme la parcelle n° 30 qui ne reçoit aucun engrais est fertile enfin, et ne peut l'être qu'en raison directe de la somme des éléments actifs, minéraux et azotés dont elle est aussi déjà pourvue.

En conséquence, la parcelle n° 25, qui reçoit de l'engrais complet, se trouve mise en état fertile par la masse des trois éléments utiles qu'on lui donne, et qui s'ajoutent, pour en compléter la puissance, à ceux qui entraient déjà dans sa constitution.

Toutefois, il ne faut pas l'oublier, elle est limitée dans sa fécondité surtout, — uniquement même, par celui des éléments dont la proportion relative se trouve être en dernier résultat, après l'accomplissement de l'opération fertilisatrice, la moins considérable, ou pour parler plus exactement, qui se trouve présente en dose insuffisante (si cela arrive) pour subvenir aux exigences, aux besoins de la végétation.

Et maintenant la puissance de production de l'engrais complet accordé à la parcelle n° 25, qui le reçoit, correspond exactement à la somme des produits développés en excès sur cette parcelle considérée par rapport à celle qui n'a pas reçu d'engrais. De même aussi, les résultats obtenus sur les quatre autres parcelles (26, 27, 28 et 29) sont, pour chacune d'elles, la représentation exacte de la puissance de celui ou de ceux des principes utiles dont on a négligé de faire l'apport, mais que le sol contient par lui-même, ou grâce à des fumures antérieures, au moment où on le met en activité de service (1).

Il résulte donc de ceci que si l'on détermine l'excédant de récolte déve-

(1) Il nous semble inutile de faire remarquer que tout cela n'est vrai que dans le cas où la végétation suivant sa marche régulière, se développe et parcourt toutes ses phases, depuis l'époque de la germination jusqu'à celle de la moisson, dans des conditions normales, et sans être troublée, entravée par un accident quelconque, et de quelque nature que ce soit. Dans le cas contraire, les renseignements que l'on obtient ne sont qu'approximatifs ou sans valeur.

loppé d'une part sur la parcelle pourvue d'engrais complet, comparée à la parcelle sans engrais, et d'autre part les excédents des produits fournis encore par cette même parcelle, richement, complétement fertilisée, quand on compare sa production avec celle des quatre parcelles qui n'ont reçu que des engrais incomplets, l'on possède tous les éléments nécessaires pour déterminer les exigences du sol, et inversement sa richesse en chacun des éléments utilisables dont il est assez pourvu pour servir, dans une mesure plus ou moins parfaite, les intérêts de la production. Pour cela il suffit de diviser chacun des écarts trouvés en dernier lieu par l'écart des chiffres de la production connue des deux parcelles à l'engrais complet, et sans engrais. (Ecart des produits des parcelles 25 et 50.)

Ainsi, par exemple, dans les expériences de Rouen, la parcelle no 25, à l'engrais complet, a produit 15,400 kilogrammes de tubercules en plus que la parcelle sans engrais : c'est là le diviseur dont il faut se servir.

Maintenant cette même parcelle à l'engrais complet a donné un excédent de

5,600 k.	de tubercules sur la parcelle sans azote.				
926	—	—	—	—	sans phosphate.
10,730	—	—	—	—	sans potasse.
12,270	—	—	—	—	à l'engrais azoté seul.

En soumettant successivement chacun de ces nombres à l'action du diviseur indiqué, 15,400, l'on obtient de chacun d'eux les quotients suivants, dont la signification est mise en regard :

0.41 ce qui indique que la terre exige les 41/100es de la dose d'azote.
0.06 — — — 6 — superphosphate.
0.80 — — — 80 — chlorure de potassium.
0.91 — — — 91 — de superphosphate, de chlorure de potassium et de sulfate de chaux qui, par leur association, constituent l'engrais minéral.

contenus dans la dose d'engrais complet employé pour assurer la production sur la parcelle no 25 des 27,000 kil de tubercules.

Si nous reprenons cette situation, en résumant, ou plutôt en faisant l'application de ces renseignements, nous serons conduits à admettre en outre que la terre étudiée avait besoin de recevoir les 0,05 de la proportion de sulfate de chaux appliqué aussi sur la parcelle no 25, puisqu'en réunissant comme nous allons le faire ici tous les nombres fractionnaires ci-dessus attribués aux matières minérales, nous obtiendrons un nombre égal à celui qui indique les exigences absolues en substances minérales accusées par les écarts de la récolte sur les parcelles 25 et 29. En effet, le sol exige

0.06 de la dose de superphosphate,
0.80 — de chlorure de potassium,
0.05 — du sulfate de chaux,
———
0.91 — des substances minérales,

contenues dans l'engrais complet, et pris séparément.

Or, cet engrais était formé de

400 k.	de superphosphate qui ont coûté,	à 12 fr. le 0/0. . . .	48 fr.
400	de chlorure de potassium	—	à 22	88
400	de sulfate de chaux	—	à 3	12
400	de sulfate d'ammoniaque	—	à 55	220
			Total de la dépense.	368 fr.

Eh bien ! si l'on eût connu les besoins du sol, on aurait pu le mettre en état de produire la même récolte, en lui donnant seulement :

24 k.	de superphosphate coûtant.	2 fr.	88
320	de chlorure de potassium.	70	40
20	de sulfate de chaux.	0	60
164	de sulfate d'ammoniaque.	90	20

et l'on aurait réduit la dépense à ce qu'elle devait être 164 fr. 08 en réalisant une économie de 203 fr. 92.

A Saint-Romain, où la parcelle qui n'a pas reçu de matière azotée (nº 26) a donné autant de produits que la parcelle chargée d'engrais complet, l'économie réalisable aurait été plus considérable encore. Les exigences du sol sont exprimées ainsi :

0.00	de la dose	de sulfate d'ammoniaque.
0.27	—	de super-phosphate.
0.38	—	de chlorure de potassium.
0.06	—	de sulfate de chaux.
0.71	—	des éléments de l'engrais minéral.

contenus dans l'engrais complet.

Cela permettait donc de n'employer qu'une dose d'engrais ainsi constituée :

108 k.	de superphosphate, du prix de. . .	12 fr.	96
152	de chlorure de potassium.	33	44
24	de sulfate de chaux.	0	72
0	de sulfate d'ammoniaque.	0	»
	et coûtant.	47	12

L'économie réalisée aurait donc été de 320 fr. 88 c., grâce à l'inutilité de l'apport de la matière azotée ! On rencontre bien rarement une semblable situation, et ce n'est qu'à titre exceptionnel que l'on voit l'économie réalisable, prendre des proportions aussi considérables.

Quoiqu'il en soit, voilà les services que peuvent rendre les grands champs d'expériences.. Les petits en rendent de moins considérables sans doute, puisqu'ils ne donnent pas le moyen de départager les éléments minéraux, mais ils en rendent de très réels encore, ainsi qu'on va le voir maintenant.

Ils sont institués surtout dans l'intention d'arriver à la connaissance des doses d'engrais azoté, et d'engrais minéral qu'il faut ajouter au fumier dont on dispose, pour en compléter l'insuffisance. C'est à quoi l'on arrive facilement, *toutes les fois que les expériences sont faites avec soin*, comme dans les champs principaux, d'ailleurs, et qu'aucun accident ne vient troubler la marche régulière de la végétation.

Ici, pour mieux faire voir toutes les faces de la question, nous allons l'envisager d'une autre manière.

Comme dans le cas précédent, les excédents de récolte obtenus sur la parcelle à l'engrais complet, et ceux fournis par la parcelle au fumier, comparé dans leurs rendements avec celui de la parcelle sans engrais représentent la puissance de production afférente à l'engrais minéral, et à l'engrais azoté contenus dans les deux sortes d'agents fertilisateurs employés; comme l'excédent de la parcelle sans azote correspond au degré de fécondité que le sol doit à l'azote actif qu'il contient, tandis que l'excédent de la parcelle chargée d'engrais azoté est le résultat de l'efficace intervention des quantités de potasse, d'acide phosphorique et de chaux, — en un mot, de la quantité d'engrais minéral contenu aussi parmi les éléments dont il est constitué.

Or, en déterminant les excédents obtenus sur chaque parcelle, dans les conditions indiquées, l'on peut établir ces rapports.

« Si l'excédent de la récolte obtenue sur la parcelle à l'engrais complet représente la totalité de cet engrais exprimée par 100,

— Combien l'excédent obtenu sur la parcelle au fumier représente-t-il à son tour des éléments de l'engrais complet apporté à l'état assimilable, par le fumier lui-même ?

— Combien l'excédent de la parcelle sans azote, représente-t-il d'azote actif ? et enfin

— Combien l'excédent de la parcelle chargée d'engrais azoté, représente-t-il des éléments de l'engrais minéral susceptibles d'être fournis par le sol ? »

Nous prendrons encore ici un exemple que nous appuierons sur les résultats si remarquables obtenus dans le champ d'expériences de Bardonville. Nous avons déjà dit que la production du blé dans ces expériences s'est élevée à

37 h.50 sur la terre chargée de fumier.
45 10 — — d'engrais complet.
30 90 — — — minéral.
32 10 — — — azoté.
24 50 — qui n'a reçu aucun engrais.

En établissant les différences, on trouve que

Le champ chargé d'engrais complet doit à cet engrais d'avoir pu produire un excédent de	20 h,60	de grain.
— — de fumier doit aux éléments de l'engrais complet apportés par celui-ci, d'avoir pu produire un excédent de	13 »	—
— — d'engrais minéral, étant actionné par l'azote du sol, a pu, grâce à celui-ci, en donner un de.	6 40	—
— — d'engrais azoté, actionné seulement par les éléments de l'engrais minéral contenus à l'état normal dans le sol, a donné lui-même, grâce à ces éléments, un excédent de.	7 60	—

D'où l'on tire ces proportions :

20h,60 : 100 :: 13.0 : x = 0.63 des éléments de l'engrais complet, apportés par le fumier,
:: 6.4 : x = 0.31 des éléments de l'engrais azoté,
:: 7.6 : x = 0.37 des éléments de l'engrais minéral,
contenus dans la dose d'engrais complet qui a été employée.

Les nombres complémentaires de chacun des quatrièmes termes de ces équations, exprime à son tour les exigences de la terre. Ainsi donc, pour le champ d'expériences de Bardouville, dont l'intensité de la production sous l'influence de l'engrais complet s'est élevée, nous le répétons, à 45 hectol. 10 de blé par hectare, il aurait fallu ajouter au fumier les 0,37 de chacun des éléments d'une dose d'engrais complet, mais cette fraction aurait dû contenir ces éléments dans les proportions de 0,69 de matière azotée, associée à 0,65 d'engrais minéral, puisque le sol sans fumier exige seulement les proportions centisimales indiquées (0,65 et 0,69) des doses de matières minérales et de matière azotée contenues dans l'engrais complet.

Pour qu'il soit mieux compris, nous compléterons cet exemple par l'application suivante :

L'engrais complet employé pour produire le blé était ainsi composé :

400 k.	de superphosphate de chaux, ayant coûté . . .	48 fr.
200	de chlorure de potassium	44
200	de sulfate de chaux	6
400	de sulfate d'ammoniaque	220
	Par conséquent, cette dose de 1,200 k. est revenue à . . .	318

Si on l'eût constituée conformément aux exigences du sol, maintenant connues, l'on aurait vu d'abord que l'engrais complet employé sur la terre sans fumier, aurait dû avoir la composition suivante :

252 k.	de superphosphate de chaux que l'on aurait payés	30 fr.	24
126	de chlorure de potassium	27	72
126	de sulfate de chaux	3	78
275	du sulfate d'ammoniaque	151	25
	Total	212	99

Mais, comme l'apport du fumier employé ne rendait nécessaire que l'intervention des 0,57 de chacun de ces agents, l'on aurait, en dernier résultat, réalisé une économie de 238 fr. 87. puisque l'on n'aurait dû ajouter à ce fumier, pour compléter son insuffisance, que

94 k.	de superphosphate de chaux acheté . .	11	28
47	de chlorure de potassium	10	34
47	de sulfate de chaux	1	41
102	de sulfate d'ammoniaque	56	10
	Ce qui n'aurait occasionné qu'une dépense de . .	79	13

pour mettre la terre en état de fertilité aussi complète que celle qu'elle possédait étant chargée de l'engrais chimique composé, ainsi que cela a été dit. Grâce à cette adjonction de matière active au fumier, et pour cette modique dépense de 79 fr. 15, on aurait eu un excédent de 7 hectol 60 de blé. On peut apprécier maintenant l'importance du bénéfice qui aurait été réalisé.

Mais pour mieux apprécier le succès, et surtout pour tenir compte de ce fait, qu'il ne faut jamais oublier que l'azote est l'agent de fertilisation qui domine et influence le mieux la production du blé. Voici comment il aurait été convenable de constituer l'engrais complémentaire : on aurait dû employer simultanément, avec le fumier dont on disposait :

100 kil. de superphosphate de chaux.
50 — de chlorure de potassium.
50 — de sulfate de chaux.
110 — de sulfate d'ammoniaque.

En faisant l'application du mode de calcul qui vient d'être développé, à ceux de nos champs d'expériences dans lesquels les résultats obtenus présentent assez de garanties d'exactitude pour nous permettre d'asseoir des déductions de quelque valeur, nous avons obtenu les renseignements consignés dans le tableau suivant :

XIV. — *Composition et exigences du sol.*

SITUATION des champs d'expériences	PLANTES cultivées.	PROPORTIONS CENTÉSIMALES des éléments de l'engrais complet — contenus à l'état actif dans le sol cultivé. — sans fumier		avec f.	exigés par le sol cultivé — sans fumier		av. fum
		E. min.	E. azot	E. com.	E. min	E. azot.	E. com.
Bardouville	Blé	0.37	0.31	0.67	0.63	0.69	0.37
Bosc-Edeline	Blé	0.40	0.20	0.46	0.60	0.80	0.54
Bosc-Mesnil	Blé	0.24	0.12	0.37	0.76	0.88	0.63
	Pomme de terre	0.37	0. »	0.29	0.63	1.02	0.7
	Carottes	0.72	0. »	0.55	0.28	1.22	0.45
Campneuseville	Pommes de terre	0.64	0.20	0.38	0.36	0.80	0.62
Contremoulins	Carottes	0.48	0.41	1.08	0.52	0.59	0. »
Criquetot-sur-Ouville	Blé	0.37	0.50	0.87	0.63	0.50	0.13
Fesques	Blé	0.79	0.18	0.54	0.21	0.82	0.46
	Pommes de terre	0.71	0.59	0.16	0.29	0.41	0 84
	Carottes	0.62	0.52	0.72	0.38	0.48	0.28
Fresne-le-Plan	Blé	0.46	0. »	0.69	0.54	1.04	0.31
	Pommes de terre	0.41	0.01	0.31	0.59	0.99	0.69
	Carottes	0. »	0.12	0.32	1.15	0.88	0.68
Fréville	Blé	0.40	0.26	0.81	0.60	0.74	0.19
	Pommes de terre	0.32	0.48	0.13	0.68	0.52	0.87
	Carottes	0.37	0 28	0.73	0.63	0.72	0.27
Ganzeville	Blé	0.88	0.77	0.58	0.12	0.13	0.42
	Pommes de terre	0.43	0.85	0.14	0.57	0.15	0.86
Gueures	Blé	0.70	0.01	0.50	0.30	0.99	0.50
	Pommes de terre	0 59	0. »	0.33	0.41	1.01	0.67
	Carottes	0.21	0.20	0.28	0.79	0.80	0.72
Le Hanouard	Blé	0.64	0.22	0.44	0.36	0.78	0.56
	Pommes de terre	0.41	0.37	0.61	0 59	0.63	0.39
	Betteraves	0.59	0.21	0.49	0.41	0.79	0.51
Hugleville-en-Caux	Pommes de terre	0.33	0.68	0.66	0.67	0.32	0.34
Louvetot	Blé	0.16	0.33	0.66	0.84	0.67	0.34

XIV. — Composition et exigences du sol. (suite).

SITUATION des champs d'expériences	PLANTES cultivées	PROPORTIONS CENTÉSIMALES des éléments de l'engrais complet.					
		contenus à l'état actif dans le sol cultivé			exigés par le sol cultivé		
		sans fumier		av. fum	sans fumier		a. fum.
		E. min.	E. azot.	E. com.	E. min.	E. azot.	E. com.
Normanville	Blé	0.67	0. »	0.49	0.33	1. »	0.51
Ouville-l'Abbaye	Blé	—	—	1.80	—	—	—
	Pommes de terre	0.62	0.48	1.16	0.58	0.52	—
	Carottes	—	—	1.69	—	—	—
Petit-Couronne	Carottes	0.62	0.41	0.07	0.38	0.59	0.93
Pierrecourt	Pois	0.92	0.58	1.43	0.08	0.42	0. »
	Pommes de terre	0.81	0.53	1.58	0.29	0.47	0. »
St-Aubin-Epinay	Blé	0,21	0.59	0.45	0.79	0.41	0.55
	Pommes de terre	0,25	0.22	0.31	0.75	0.78	0.69
	Betteraves	0.70	0.32	0.34	0.10	0.68	0.68
St-Pierre-lès Elbeuf	Blé	0.50	0.35	0.44	0.50	0.65	0.86
	Pois	0.40	0.49	0.58	0.59	0.51	0.42
	Pommes de terre	0.31	0.50	0.39	0.69	0.50	0.61
Thiergeville	Betteraves	0.60	0.51	0.70	0.40	0.49	0.30
Toussaint	Blé	0.55	0.55	1.11	0.45	0.45	0. »
	Pois		—	1.57	—	—	0. »
	Pommes de terre	0.50	0.22	1.32	0.50	0.78	0. »
	Carottes	0,40	0.54	1.43	0.60	0.46	0. »
Yville-sur-Seine	Orge	0.88	0,65	0.33	0.12	0.45	0.67
	Pommes de terre	0.94	0.78	0.39	0.06	0.32	0.61
	Carottes	0.75	0.50	0.66	0.25	0.50	0.34

On voit actuellement le parti que l'on peut tirer des résultats obtenus dans nos champs d'études, mais il ne faut jamais l'oublier, ces résultats ne peuvent avoir d'utilité pratique que dans le cas où ils sont fournis par des expériences faites avec soin, sur un sol homogène, bien nivelé, exposé sans abri à toutes les radiations solaires, convenablement ameubli par des travaux préparatoires pendant l'accomplissement desquels l'on enlève les mauvaises herbes dont il peut être infesté, et dont on achève de le débarrasser plus tard par des sarclages plusieurs fois répétés, si cela est nécessaire, tandis que s'accomplissent les phénomènes de la végétation.

Ce sont là sans doute des conditions quelquefois difficiles à remplir, mais qu'il faut savoir remplir cependant, car elles sont du nombre de celles qu'il faut toujours satisfaire si l'on veut arriver au succès. Celui-ci ne vient ordinairement qu'après de rudes labeurs! Aussi les cultivateurs soucieux de l'obtenir doivent-ils avoir toujours présent à l'esprit ce vieil adage : « Nul bien sans peine, » que l'on oublie peut-être un peu trop aujourd'hui.

Qu'il nous soit donc permis de le redire une dernière fois : A l'heure qu'il est, l'Agriculture française est dans la nécessité de compenser l'insuffisance de ses fumiers en leur adjoignant des matières complémentaires dont elle doit apprendre à bien se servir, parce que de l'emploi judicieux, de l'emploi bon ou mauvais qu'elle peut en faire, dépend son degré de prospérité! Or, c'est dans les champs d'expériences, et ce n'est que là, qu'elle peut, quant à présent, trouver les indications sur lesquelles elle doit s'appuyer pour marcher avec sécurité vers un avenir meilleur!

Nous voici arrivé à la fin de notre tâche. Nous croyons avoir mis en évidence, ce qui d'ailleurs ne peut plus être mis en discussion, l'utilité des engrais chimiques, et la convenance de leur emploi rationnel pour compléter l'insuffisance des fumiers, dont on ne produit jamais d'assez grandes quantités dans nos fermes. Nous avons essayé de montrer comment on doit s'y prendre pour déterminer au moyen de la culture, la composition et les exigences du sol affecté à la production d'une plante quelconque. Enfin, nous avons essayé aussi de démontrer, ce qui ne devrait plus être révoqué en doute, l'utilité des champs d'expériences.

Notre but sera-t-il atteint? Nous le souhaitons sans oser l'affirmer, car la réalisation du généreux projet conçu par la Société centrale, rencontre encore, si non beaucoup d'adversaires, au moins beaucoup d'incrédules.

Les uns et les autres ne manquent pas, car il est et sera toujours, à ce qu'il paraît, de l'essence même de la nature humaine de faire opposition, tout d'abord, et avant que de s'y associer, à toute idée, à toute œuvre de progrès! En ce qui concerne l'objet de nos préoccupations, les uns craignent de rompre avec leurs vieilles habitudes ; — les autres, mûs par un profond égoïsme, redoutent de voir la lumière luire aux yeux de tous ; — ceux-ci craignent de ne plus être classés au premier rang parmi les plus habiles ; — et ceux-là, redoutent la concurrence de leurs voisins, comme si la concurrence étrangère qu'il faut combattre, et que nous ne pouvons combattre qu'en perfectionnant nos moyens de production, n'était pas cent fois plus redoutable, puisqu'elle soutire les capitaux de la France, sans en rendre une obole !

Maintenant on reproche à nos petits champs de n'être que des champs de jardinage, qui n'offrent, dit on, aucune analogie avec ce qui se passe dans la pratique agricole ! On leur reproche aussi de ne pouvoir servir à aucune démonstration utile, parcequ'ils ne sont pas entre les mains des cultivateurs !

En vérité, tout cela n'est pas sérieux.

Qu'on le sache donc bien, nous n'avons pas la prétention de mettre en évidence dans ces champs, de nouveaux procédés de culture ; Cela n'est pas notre affaire. Ce que nous voulons, c'est y rendre sensible pour tout le monde, — ce qui n'est bien compris à l'heure présente que du petit nombre, — l'action ainsi que l'utilité des différents agents primordiaux et immédiats de la fertilisation. Nous voulons aussi faire la démonstration des méthodes qu'il faut mettre en œuvre pour arriver à la connaissance des besoins du sol.

Nous nous bornons à cela en ce moment, mais plus tard nous mettrons en œuvre les méthodes qu'il faut suivre pour arriver à l'établissement exact des prix de revient.

Or, quelle que soit la façon dont la terre est cultivée, — quelle que soit aussi l'étendue des superficies mises en expériences, que ce soit un demi are ou cent hectares, si les expériences sont faites, — mais bien faites, — absolument dans les mêmes conditions de travail sur toutes les parties du terrain assujetti à l'étude, — que la terre soit cultivée avec la charrue ou la bêche, avec la herse ou le rateau, il devient évident que les résultats auxquels on arrive sont toujours de haute valeur, et parfaitement comparables entre eux, ce qui est le point essentiel.

Devons nous maintenant répondre à une objection que nous avons vue formulée plusieurs fois, non sans surprise, à l'occasion des faits accomplis cette année dans nos champs d'expériences, à savoir que « les engrais chimiques altèrent la terre en la desséchant, et pourraient en peu d'années amener la stérilité ! » Il est bien facile de lancer une accusation aussi grave, mais avant que de le faire, l'on devrait au moins se demander si l'on est en état de la soutenir et de la justifier ! On devrait aussi réfléchir sur les conséquences qu'elle peut avoir ?...

Comment, voici des agents, et ce sont précisément les agents primordiaux de la fertilité (nous devons le redire) qui, employés dans des sols inertes, donnent à ces sols la faculté de produire d'abondantes moissons, et ces mêmes agents rendraient stériles les terres auxquelles ils donnent une fécondité qu'elles ne possèdent pas !... Nous voulons croire que les auteurs de cette objection n'ont jamais étudié les lois qui président au développement de la vie des plantes, et qu'ils ont oublié de se pénétrer du rôle que doivent et peuvent jouer les engrais. Une visite au champ d'expériences de Vincennes, — (dont le sol aride, fertilisé depuis près de vingt ans par M. Georges Ville, uniquement avec les engrais chimiques, atteste une fécondité qui s'accroît de saison en saison), — suffirait, nous en avons la conviction, à faire naître une autre opinion dans l'esprit des hommes avec lesquels nous aurions voulu ne pas nous trouver en contradiction en ce moment.

Quant à l'exécution de nos travaux par les cultivateurs, nous avons le regret de le dire, nous ne saurions l'accepter, à titre nécessaire, parce que l'expérience même de cette année nous a prouvé précisément que c'est sur quelques-uns des champs exploités dans ces conditions que nous avons obtenu les renseignements les plus incertains. Sans doute, des circonstances particulières ont voulu quelquefois qu'il en soit ainsi, mais plus d'une fois (nous en avons été informé) des préoccupations particulières ont eu pour effet de fausser les résultats obtenus.

Ah ! nous tenons à le dire bien haut, parceque c'est la vérité, et aussi, parceque c'est un témoignage de reconnaissance, — avec le concours si empressé, si loyal, si dévoué, si intelligent et si patriotique que nous avons rencontré chez Messieurs les Instituteurs qui ont bien voulu se faire nos auxiliaires, nous avons déjà obtenu de bons résultats, qui se compléteront et se perfectionneront sans cesse, tant que ces hommes modestes resteront attachés à notre œuvre. Pionniers du progrès, ils reporteront sur l'esprit des jeunes générations confiées à leurs soins, les connaissances théoriques et pratiques qu'ils vont acquérir eux-mêmes dans nos petits champs Ils prépareront ainsi la voie dans laquelle on devra perdre les vieilles habitudes qui font sans cesse obstacle à la marche régulière du progrès agricole. Une fois de plus, par conséquent, ils auront encore témoigné de leur dévouement à l'intérêt général, et se seront acquis de nouveaux droits à la reconnaissance publique.

Sans doute, même avec leur concours, nous n'accomplirons pas des miracles, et nous ne ferons pas « d'un épi trois livres de pain, » comme le demandait à l'un d'eux un cultivateur à l'esprit gaulois, en visitant son champ d'expériences dans lequel il était forcé de reconnaître la puissante activité des engrais chimiques ; mais si après M. Georges Ville, et tant d'autres savants illustres, nous prouvons une fois de plus que l'on peut accroître aujourd'hui avec succès et profit l'intensité de la production agricole, eh bien! nous aurons la confiance que l'agriculture de notre pays va revoir enfin s'ouvrir pour elle une nouvelle ère de prospérité, dans laquelle elle se maintiendra toujours si chaque cultivateur veut bien s'inspirer de cette pensée féconde formulée, il y a plus de cent cinquante ans, par un écrivain anglais :

« Celui qui fait croître deux épis ou deux brins d'herbe, où il n'en poussait qu'un, fait plus pour l'humanité que le conquérant qui a gagné vingt batailles ! »

L'inspecteur-organisateur des champs d'expériences,

EUGÈNE MARCHAND.

Fécamp, 21 décembre 1880.

Rouen. — Imp. H. Boissel.

ERRATA

P. 20. Tête du tableau.

Production en hectolitre de grain du poids de 70 kil. 5, *lisez*. . . . . 77 kil. 5

P. 38. Bas de page, 2me colonne, à l'engrais complet moyenne. . . . . . . 08 *lisez*. 21.02

P. 42. Ligne 11. . d'un tiers de e, *lisez* d'un tiers de mètre.

P. 47. Ligne 27. . *phonosphora*, *lisez poronospora*

P. 76. Ligne 4. . mieux appréciées, *lisez* mieux assurer

P. 77. Ganzeville. Blé. . . . . 5me col. 0.15 *lisez* 0.25

P. 78. Ouville-l'Abbaye. Pommes de terre. 1re col. 0.62 — 0.42

Pierrecourt Pommes de terre. . . 4me col. 0.29 — 0.19

Saint-Aubin-Epinay. Betteraves. . 4me col. 0.10 — 0.30

OBSERVATION. — On a admis partout dans ce Rapport que l'hectolitre de blé pèse en moyenne 77 kil. 5.

www.ingramcontent.com/pod-product-compliance
Ingram Content Group UK Ltd.
Pitfield, Milton Keynes, MK11 3LW, UK
UKHW020339250726
13967UKWH00005B/2011